现代生命科学实验系列丛书

丛书主编　杨永华　杨荣武

生化分析技术实验

丁益 等　编著

科学出版社

北　京

内 容 简 介

本书主要介绍蛋白质等生物分子的分离纯化和分析鉴定方面的实验技术，选编了当前在蛋白质化学、蛋白质组学及生物工程下游技术中所应用到的层析、电泳等实验方法。书中步骤描述具体细致、实验过程系统完整，全书图文并茂、数据详尽，具有较强的指导性和可操作性。生命科学相关专业的学生通过本教材与实验课的学习，能够了解和掌握当前在生命科学研究、应用和生产领域内对天然以及基因重组生物分子的分离、纯化、制备、分析、鉴定、数据处理等多方面的生化分析技术方法、实验原理、实验设计、操作技术以及相关仪器的使用。

本书可供高等院校生命科学、生物技术专业学生使用，亦可用于生物制药、食品、药品、医学、临床检验、环境监测等学科的本科生和研究生实验教学，并可以作为相关生物制药企业等社会研究和应用部门的实验技术参考书。

图书在版编目（CIP）数据

生化分析技术实验/丁益等编著. —北京：科学出版社，2012
　（现代生命科学实验系列丛书/杨永华，杨荣武主编）
　ISBN 978-7-03-035158-6

　Ⅰ.①生…　Ⅱ.①丁…　Ⅲ.①生物化学-化学分析-实验-高等学校-教材
Ⅳ.①Q503-33

中国版本图书馆 CIP 数据核字（2012）第 168368 号

责任编辑：张　鑫　曾佳佳　胡　凯／责任校对：黄　海
责任印制：张　伟／封面设计：许　瑞

科 学 出 版 社 出版
北京东黄城根北街 16 号
邮政编码：100717
http://www.sciencep.com

北京凌奇印刷有限责任公司 印刷
科学出版社发行　各地新华书店经销

*

2012 年 8 月第 一 版　　开本：787×1092　1/16
2023 年 6 月第八次印刷　　印张：14 3/4
字数：329 000

定价：36.00 元
（如有印装质量问题，我社负责调换）

《现代生命科学实验系列丛书》编委会

主　编　杨永华　杨荣武

副主编　姜建明　丁　益　庞延军　谢　民　孔令东

《生化分析技术实验》编委会

主　编　丁　益

副主编　杨永华　华子春　唐惠炜　刘新建　庄苏星

编　委　庄红芹　陈江宁　沈萍萍　张远莉　李　俊

　　　　仲昭朝　庄　重　高倩倩　彭士明　康铁宝

丛 书 序

20 世纪后半叶是生命科学迅猛发展的时代,尤其是最后 20 年,其发展速度之快更加令人瞩目。基因治疗方法已经开始挽救患者的生命,动物克隆技术不断取得重大突破,利用基因工程技术生产新药和新型生化产品、培育农作物新品种业已成为相关产业发展的重要支撑技术,如此等等,人类数千年来的梦想正随着生命科学发展逐一实现。随着物理学世纪让位于生命科学世纪,世界还将会有更多的奇迹出现。可以预计,在本世纪,生命科学将成为自然科学的带头学科之一。

众所周知,始于 1990 年的人类基因组计划,动用了美、欧、亚多国的数百名科学家,计划耗资 30 亿美元,最终目标是绘制出人体 10 万个基因的图谱,揭开 30 亿个碱基对的密码,弄清全部基因的位置、结构和功能。这项工程为揭开有关人体生长、发育、衰老、患病和死亡的秘密,为最终帮助人类攻克诸如癌症、艾滋病、肝炎、肺结核、阿尔茨海默氏症等许多传统医学无法解决的难题,提供了十分有益的途径和可选择的方法。目前,各个种类的生物基因组计划、蛋白组学、代谢组学等"组学"计划如雨后春笋,层出不穷,方兴未艾,大量的新型生命科学仪器设备、实验技术不断得到发展和发明。时代的发展使人们越来越清楚地意识到,现代生命科学的探索不仅需要系统的理论知识武装,而且作为实验科学范畴的生命科学更需要比较完善的有关实验操作的系统性训练和实践,从而为科技工作者的科研创新打下坚实的基础。

南京大学的生命科学实验教学改革与发展一直走在全国高校的前列,特别是在南京大学生命科学实验教学中心成为国家级实验教学示范中心以后,始终按照"宽口径、厚基础、高素质、重创新"的原则,改善实验课程体系,更新实验教学内容,重视并加强学生思维和操作技能的训练,力争将学生培育成既具见识宽广的基础知识和生命科学核心知识,又有一定的生命科学专业技能的高级人才。通过这几年的教学实践,他们已积累和沉淀出相当多的经验和成果,这些经验和成果迫切需要总结,并以教材的形式出版,从而让兄弟院校的师生能够分享,同时在互动教学实践中获取宝贵的意见,以便不断改进现代生命科学的实验教学。我很高兴该丛书作为现代生命科学实验教学系列教材得以在科学出版社出版。这套丛书的出版完全顺应了当今生命科学从微观到宏观,从结构到功能,交叉与整合的发展趋势,是以杨永华教授、杨荣武教授为团队带头人的各位作者们多年来从事该项工作的心得并加以不断总结的产物,也是他们所倡导的"系统性整合生命科学教学与实验体系"在大学生物学教学与改革方面的具体实践结果。

该丛书所倡导并实践的实验教学体系,总体上是一套守正创新的体系。围绕该课程体系,分层次、分模块,系统设置了生命科学实验课程,重组了本科实验教学的基本内容,加强开放式、综合性、研究型实验,深化基础生物学技术训练、中级生物学技术训练、综合性技能与研究性实验训练。在新编的系列丛书中尤其注意去除一些过时的实验技术,将过去实验教学过程中的单一技能训练转化为综合实验技能训练,在实验课程体系和内容的设置方面以系统综合大实验为核心并以科学研究思路为线索设计系列教学实验，让学生在实验课程中体验科研的过程，使学生从整体上了解进行生物科学研究的思路和方法，培养学生正确的科研思维能力和综合素质。

我相信该丛书的出版将十分有助于提升我国高校生物学专业大学生及部分重点高中学生的科学意识、学习兴趣和创新能力，对大中学生未来的成长和国家培养创新型人才具有积极的意义。期待全国的大中学生们努力开拓视野、相互学习、共同进步，使自己的生命科学知识和生物科研水平达到一个新的高度。

中国工程院院士
中国生物工程学会理事长
江苏省科学技术协会主席
2012 年 7 月 30 日

丛 书 前 言

  培养大学生的创新实践能力已成为当前我国高等教育教学改革的核心目标之一，也是促进我国高等教育可持续发展的永恒动力。本世纪被誉为生命科学的世纪，在已过去的十多年里，我们已经领略了生命科学日新月异的发展态势。作为一门实验性很强的学科，生命科学的发展显然离开不了实验教学的发展和进步。让学生拥有一套与时俱进的基于创新理念的生命科学实验教材，对于保证实验教学的质量，特别是提高学生将来在生命科学研究中的动手能力和创新能力至关重要。在高校，创新的源头在实验室。但实验室提供的不只是单纯的实验仪器，更重要的是丰富、先进的实验项目和内容。

  这套现代生命科学实验系列丛书就是在这样浓烈的时代、使命和责任感的背景下编写完成的。"十一五"期间，在教育部及学校有关部门的大力支持下，南京大学国家级生命科学实验教学示范中心提出并建立了"系统性整合生命科学教学与实验体系"，通过数年的实施和完善，中心已取得了一批有特色的教学研究心得和成果。为便于全国兄弟高校之间的相互交流，提高生物学实验教学水平，在科学出版社的积极关心下，本中心精心组织了一批长期奋战在实验教学一线的专家和教师，编写了这套实验丛书。这套丛书将覆盖生命科学的诸多学科，以结构和功能为主线，涵盖从微生物、植物到动物、人类对象，从分子、细胞到个体、群体层次等多个方面，先行出版的有高级生物化学实验、生化分析技术实验、实用细胞生物学实验、遗传学实验、基因工程实验、植物科学实验等。每一分册的内容先从各门课程的基本技能训练入手，以培养学生掌握基本的研究手段，强化提高其综合运用，最后能独立完成创新课题为主线，包括基础实验、综合实验和创新实验。其中的创新实验部分，既包含在新的条件下再现大科学家经典实验的项目，又有与生活实际相联系的实验项目。书中涉及的主要实验原理和技术方法被直接融入到具体的实验之中，这样既便于学生掌握，又避免了理论与实际相脱离的弊端。

  本丛书的编写风格简明、实用，编写中特别突出实验的综合性和创新性。在编写过程中，去除了一些过时的实验技术，将过去实验教学过程中的单一技能训练转化为综合实验技能训练，在实验课程体系和内容的设置方面以系统综合大实验为核心并以科学研究思路为线索设计系列教学实验，让学生在实验课程中体验科研的过程，使学生从整体上了解生命科学研究的思路和方法，培养学生正确的科研思维能力和综合素质。

  最后，我们要特别提及的是，全国兄弟院校的一些专家、学者，南京大学生命科学学院及其国家级生命科学实验教学示范中心的同事，全国部分重点高中生物老师、生物竞赛教练员，通过多种途径和方式，给予了我们有力支持和帮助，在此一并表示衷心的感谢。

由于时间仓促，书中难免有疏漏和不当之处，希望读者在使用过程中能提出批评和建议并反馈编者，以使本丛书日臻完善。

丛书主编

国家级生命科学实验教学示范中心

南京大学生命科学学院

2012 年 7 月 25 日

前　言

　　本书是与生化分析原理与技术课配套选编的实验教学教材，也可作为生物化学课程群中的生化技术类基础性实验教学教材。生命科学相关专业的学生通过本教材与生化分析原理与技术理论和实验课的学习，能够了解和掌握当前在生命科学研究、应用和生产领域内对天然以及基因重组生物分子的分离、纯化、制备、分析、鉴定、数据处理等多方面的生化分析技术原理、实验方法、实验设计、实验操作以及相关生化仪器（如紫外-可见分光光度计、层析系统、色谱工作站系统、电泳系统、图像分析系统、酶标仪等）的使用。

　　本教材实验内容的特点是根据教师多年来的教学和科研经验，采取了将科研中的生化实验技术转化到教学中来的方法进行实验教学，实验安排循序渐进，步骤描述具体细致，实验过程系统完整，全书图文并茂、数据详尽，结合实验过程与结果提出思考性问题和部分延展性注解，具有较强的指导性和实用性。其实验教学的主要方式是着重学生的基础性实验操作技能训练，在实验室通过对学生独立操作、整体实验、大实验和综合创新型实验的系统安排，以加强和提高学生理论联系实际、动手、分析问题和解决问题的能力。

　　在介绍实验手段现代化方面，结合包括色谱工作站系统、电泳图像分析系统、计算机仿真生化分析技术实验系统、双向互动式网络实验教学系统等先进设备和软件的应用，以提高学生的学习效率。

　　除了高等院校生命科学、生物技术专业的学生外，本实验教材内容亦可用于生物制药、食品、药品、医学、临床检验、环境监测等学科的本科生和研究生实验教学，并可以作为相关生物制药企业等社会研究和应用部门的实验技术参考书。

　　本书基础实验的绝大部分内容适用于普通教学实验室。书中如有不妥之处，敬请读者批评指正。

丁　益

2012 年 2 月于南京大学

目　录

三　附　录

一　基础实验部分

实验 1 紫外分光光度法
（测定蛋白质吸收光谱曲线及含量）

1.1 实验目的与要求

(1) 了解紫外-可见分光光度计的测定原理和使用方法。

(2) 学习和掌握紫外吸收光谱曲线的制作方法。

(3) 学习和掌握蛋白质的定性、定量测定方法。

1.2 实验原理

蛋白质所含有的一些芳香族氨基酸（如酪氨酸、色氨酸、苯丙氨酸）具有共轭双键结构，能够产生 $\pi \rightarrow \pi^*$ 及 $n \rightarrow \pi^*$ 类型的电子跃迁，因此能够在近紫外光区产生光吸收，并且在 280nm 波长处有一特征吸收峰。利用这一特性，通过对蛋白质紫外吸收光谱曲线的测定，可以进行辅助定性分析。根据 Beer 定律，当光径一定时，蛋白质溶液在 280nm 波长处的光吸收，在一定范围内与其浓度呈正比关系，可以进行定量测定。

1.3 实验仪器与器材

1.3.1 实验仪器

① 紫外-可见分光光度计 ② 混合器

③ 电子天平

1.3.2 实验器材

① 可调取液器 ② 试管

③ 试管架 ④ 吸管

⑤ 吸管架 ⑥ 烧杯

⑦ 滴管 ⑧ 容量瓶

⑨ 洗耳球 ⑩ 剪刀

⑪ 玻璃棒 ⑫ 骨勺

⑬ 称量纸 ⑭ 吸水纸

⑮ 洗瓶 ⑯ 标签纸

1.4　试剂及配制

1.4.1　试剂

(1) 牛血清白蛋白标准品。

(2) 牛血清白蛋白测试品。

1.4.2　试剂配制

1) 牛血清白蛋白标准品溶液的配制 (1.0mg/mL)

准确称取牛血清白蛋白标准品 50.0mg，置于 50mL 容量瓶中，然后加蒸馏水定容至刻度，溶解混匀后即为浓度 1.0mg/mL 的标准品溶液。

2) 牛血清白蛋白测试品溶液的配制 (1.0mg/mL)

准确称取牛血清白蛋白测试品 50.0mg，置于 50mL 容量瓶中，然后加蒸馏水定容至刻度，溶解混匀后即为浓度 1.0mg/mL 的测试品溶液。

1.5　实验步骤

1.5.1　蛋白质的紫外吸收光谱曲线测定与制作

1) 蛋白质的紫外吸收光谱曲线的测定

取 2 只光径为 1.0cm 洁净的石英比色杯，分别倒入 4mL 蒸馏水和 4mL 牛血清白蛋白标准品 (或测试品) 溶液，在测定波长处以蒸馏水为空白溶液 (即参比溶液)，调节紫外-可见分光光度计的光吸收零点。样品溶液在 $250\sim300$nm 波长的范围内，每间隔 5nm 波长依次测定，同时记录各波长蛋白质溶液的光吸收。在每次更换测定波长时，均需要重新用空白溶液调节仪器的光吸收零点后，方能再测定样品溶液。对测定波长的范围和间隔大小，亦可根据不同样品的情况和要求加以确定 (加大或缩小间隔)。

注：如果被测样品的溶剂不是蒸馏水，则应用相应样品的溶剂作为空白溶液。

2) 蛋白质的紫外吸收光谱曲线 (A-λ) 的制作

以测定的波长 λ 为横坐标，相应的光吸收 A 为纵坐标对应作图。将图中各点用线连起来，即得到蛋白质的紫外吸收光谱曲线 (A-λ)，其中最大吸收峰值所对应的波长即为该蛋白质最大吸收波长 λ_{max}。

注：蛋白质或其他生物分子的吸收光谱，亦可用具有自动连续波长扫描的双光束可见-紫外分光光度计进行自动测定，通过记录仪或计算机记录所测定的吸收光谱。

对于采用双光束可见-紫外分光光度计进行自动测定时，首先需要在两个同样的比色杯中装入相同的空白溶液，分别插入参比（reference）光路和样品（sample）光路，在扫描波长起点处调节好光吸收零点后，再在样品光路换入被测定样品溶液（参比光路的空白溶液仍保留其中），进行所确定波长范围的吸收光谱自动扫描。

1.5.2 蛋白质的紫外分光光度法含量测定

1）牛血清白蛋白标准品溶液的配制

将已配好的牛血清白蛋白（BSA）标准品溶液（浓度为 1.0mg/mL），按表 1-1 稀释成六种不同浓度的标准品溶液。

表 1-1 不同浓度的 BSA 标准品溶液配制表

管号	0	1	2	3	4	5	6	样品
BSA 标准液/mL	0.0	0.5	1.0	2.0	3.0	4.0	5.0	
蒸馏水/mL	5.0	4.5	4.0	3.0	2.0	1.0	0.0	
总体积/mL	5.0	5.0	5.0	5.0	5.0	5.0	5.0	
含量/(mg/mL)	0.0	0.1	0.2	0.4	0.6	0.8	1.0	
A_{280nm}								

2）牛血清白蛋白测试样品溶液的配制

将未知含量的 BSA 测试样品按估计含量，用蒸馏水稀释配制成在标准曲线范围内的浓度，估计浓度应尽量接近标准曲线中间点的浓度。如果测试样品估计浓度超出（低于或高于）标准曲线范围，需重新调整配制。

3）标准品溶液及测试样品溶液的测定

用紫外分光光度计在 280nm 波长处，以蒸馏水（或相应样品的溶剂）为空白溶液调节仪器光吸收零点，然后分别依次测定标准品溶液（浓度从低到高）和测试样品溶液的光吸收 A。

4）A-C 标准曲线的制作

（1）以所测得的标准品溶液光吸收 A 为纵坐标，相应已知的标准品含量 C 为横坐标对应作图，即得标准品溶液光吸收和含量（A-C）的标准曲线。

（2）通过被测试样品的光吸收在标准曲线上查出相应蛋白质含量。

A-C 标准曲线亦可用 Excel 线性回归作图进行测定。

注：该定量方法适用于测定与标准蛋白质氨基酸组成相似的蛋白质。

1.6 思考题

（1）蛋白质的特征紫外吸收波长一般为 280nm，多肽的特征紫外吸收波长为多少？

核酸的特征紫外吸收波长为多少？

（2）在吸收光谱测定中，为何在每次更换测定波长时均需要重新用空白溶液调节仪器的光吸收零点后再测定样品溶液？

注：双光束紫外-可见分光光度计进行自动吸收光谱测定时是将空白溶液保留在参比光路中进行测定来解决该问题的。

（3）在定量测定中，为何测试样品估计浓度超出（低于或高于）标准曲线范围需重新配制调整浓度（或利用 Lambert 定律改变比色杯厚度）到标准曲线范围内？

（4）如何计算测定样品的百分消光系数和摩尔消光系数？

附注：

表 1-2　几种标准蛋白质的光吸收参数

标准蛋白质（1mg/mL）	A_{280nm}
IgG	1.35
IgM	1.20
IgA	1.30
Protein A	0.17
抗生物素蛋白（avidin）	1.50
链球菌抗生物素蛋白（streptavidin）	3.40
牛血清白蛋白（bovine serum albumin）	0.70

实验 2　荧光光度测定法
（测定核黄素含量）

2.1　实验目的与要求

（1）通过对核黄素的含量测定，了解荧光光度法测定的原理。
（2）学习荧光光度计的操作和使用。
（3）掌握荧光光度法的定量分析方法。

2.2　实验原理

核黄素（维生素 B_2）是一种异咯嗪衍生物，在水和乙醇等中性溶液中为黄色，并且有很强的荧光，这种荧光在强酸和强碱中易被破坏。核黄素可被亚硫酸盐还原成无色的二氢核黄素，同时失去荧光，因而样品的荧光背景可以被测定。二氢核黄素在空气中易重新氧化，恢复其荧光，其反应如图 2-1 所示。

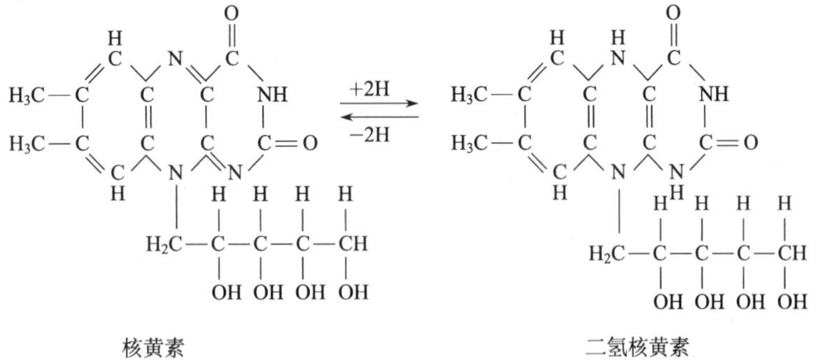

核黄素　　　　　　　　　　　　　　　　二氢核黄素

图 2-1

核黄素激发光波长范围为 440～500nm（一般规定为 440nm），发射光波长范围为 510～550nm（一般规定为 520nm）。利用核黄素在稀溶液中荧光的强度与核黄素的浓度呈正比，根据还原前后的荧光差数即可进行定量测定。根据核黄素的荧光特性亦可进行定性鉴别。

2.3　实验仪器与器材

2.3.1　实验仪器

① 荧光光度计　　　　　　　　　　② 磁力搅拌器

　　③ 电子天平　　　　　　　　④ 水浴锅

　　⑤ 混合器

2.3.2　实验器材

　　① 可调取液器　　　　　　　② 试管

　　③ 试管架　　　　　　　　　④ 吸管

　　⑤ 吸管架　　　　　　　　　⑥ 容量瓶

　　⑦ 烧杯　　　　　　　　　　⑧ 量筒

　　⑨ 滴管　　　　　　　　　　⑩ 镊子

　　⑪ 剪刀　　　　　　　　　　⑫ 玻璃棒

　　⑬ 骨勺　　　　　　　　　　⑭ 称量纸

　　⑮ 吸水纸　　　　　　　　　⑯ 洗耳球

　　⑰ 记号笔或标签纸

2.4　试剂与配制

2.4.1　试剂

　　（1）连二亚硫酸钠（保险粉）或亚硫酸钠。

　　（2）核黄素。

　　（3）乙酸。

2.4.2　试剂配制

　　1）连二亚硫酸钠（保险粉）或亚硫酸钠（直接用）

　　2）36％乙酸溶液的配制

　　取乙酸 36.0mL，用蒸馏水稀释至 100.0mL，混匀即可。

　　3）核黄素标准品溶液的配制（10.0μg/mL）

　　准确称取核黄素 10.0mg，放入预先装有少量蒸馏水（约 50mL）的 1000.0mL 容量瓶中，加入 5.0mL 36％乙酸溶液，再加约 800mL 蒸馏水，置于 50℃水浴中避光加热直至溶解。冷却至室温，用蒸馏水再定容至 1000.0mL，混匀即可。

　　注：在所有操作过程中，要避免核黄素受阳光（或强光）直接照射，配制好的核黄素溶液需避光保存。

2.5　实验步骤

2.5.1　核黄素标准品溶液的配制

　　用已配制的核黄素标准品溶液（10.0μg/mL），按表 2-1 再稀释成六种不同浓度。

表 2-1 核黄素标准品溶液配制表

管号	0	1	2	3	4	5	样品
标准品/mL	2.5	2.0	1.5	1.0	0.5	0.25	
蒸馏水/mL	7.5	8.0	8.5	9.0	9.5	9.75	
总体积/mL	10.0	10.0	10.0	10.0	10.0	10.0	
核黄素含量/(μg/mL)	2.5	2.0	1.5	1.0	0.5	0.25	
F_1/%							
F_2/%							
F/%							

2.5.2 核黄素样品溶液的配制

将被测试的核黄素样品参照标准品溶液的含量范围和溶剂体系配成测定溶液（测定食物和生物材料中的核黄素，一般需要事先经过抽提，或分离、纯化处理，方可测定）。

2.5.3 荧光测定

1）选用滤色片

参照 930 型荧光光度计的使用说明，选用滤色片。核黄素荧光测定的激发光波长为 455nm，发射光（荧光）波长为 523nm。因此可选用带通型 400nm（蓝字）滤色片为激发光滤色片，选用截止型 510nm（红字）滤色片为发射光滤色片，同时启动仪器进行预热。

注：对于未知荧光物质测定的激发光波长和发射光波长可以通过荧光分光光度计进行激发光谱和发射光谱扫描确定（实验时由教师示教扫描）。

2）调仪器至满刻度

待仪器预热后，用 2.5μg/mL（含量最高的 0 号管）的溶液调荧光光度计相对荧光强度读数到满刻度（100%），反复调节直至数据稳定在满刻度为止。调好的满刻度，在整个实验结束之前，不可随意重调。

3）标准品和测试样品的测定

（1）未还原时标准品和测试样品溶液荧光强度的测定（F_1）。调好满刻度之后，分别从高浓度到低浓度依次测定表 2-1 所配制的各浓度的标准品溶液和测试样品溶液的荧光强度，并记录各自的读数。需要特别注意的是，在每一份溶液测定完后，必须重新倒回到各自的原试管内，供测试溶液还原用。在测定中如果测试溶液的荧光强度超出 100% 或荧光强度过低，则需要重新配制调整。

（2）还原后标准品和测试样品溶液荧光强度的测定（F_2）。在上述已测定并倒回到各自试管内的溶液中，分别加入连二亚硫酸钠（保险粉）约 10.0mg，经溶解混匀后，再重新测定各自的荧光强度，并记录其读数。

2.6　数据处理

每一个测定溶液的实际荧光强度校正公式为

$$F = F_1 - F_2$$

其中，F 为校正后的实际荧光强度；F_1 为未还原时测定的荧光强度；F_2 为还原后测定的荧光强度。

制作相对荧光强度和浓度（F-C）的标准曲线：

（1）以校正后的实际荧光强度为纵坐标，以对应标准品的浓度为横坐标制作 F-C 标准曲线。

（2）通过被测试样品校正后的实际荧光强度在标准曲线上查出相应含量。

F-C 标准曲线亦可用 Excel 线性回归作图进行测定。

2.7　思考题

（1）为何配置好的核黄素标准品和测试品溶液需避光保存？

（2）为何核黄素标准品和测试品溶液在荧光测定后还需分别还原处理后再测定各自的荧光强度？

（3）为何荧光测定的比色杯是四面透明的，拿取比色杯时需要注意什么？

实验 3　离子交换层析
（分离氨基酸）

3.1　实验目的与要求

（1）本实验采用强酸性阳离子交换树脂层析柱，选取特定的 pH 缓冲洗脱液，以简易的恒溶剂洗脱方式来分离含有两个性质不同的氨基酸溶液，以初步体验离子交换层析的分离原理。

（2）通过实验初步学习一般装柱、平衡、上样、清洗、洗脱、收集、测定等离子交换层析的基本实验操作技术。

3.2　实验原理

离子交换层析（ion exchange chromatography，IEC）是根据样品的带电性质差异而进行分离的一种液相层析技术。

有些高分子物质 R（基质 R 可为树脂、纤维素、凝胶）含有一些可以解离的酸性或碱性基团，例如 $-SO_3^-$、$-COO^-$、$-N^+(CH_3)_3$、$-NH_3^+$ 等（作为固定相），在一定条件下可以和溶液中的相关离子产生离子交换反应。例如，

阳离子交换反应：$R-SO_3H+M^+ \Longleftrightarrow R-SO_3M+H^+$

阴离子交换反应：$R-NH_3OH+Cl^- \Longleftrightarrow R-NH_3Cl+OH^-$

这类高分子物质通称为离子交换剂，其中使用较为普遍的是离子交换树脂。在离子交换柱层析中，由于不同的离子交换剂对不同离子的交换能力（或亲和力）不同，因此在采用一定条件的流动相洗脱过程中，不同带电离子在离子交换柱上的迁移速度也不同，最后得到分离。

3.3　实验仪器、器材与装置

3.3.1　实验仪器

① 紫外-可见分光光度计　　　② 恒温水浴（或电炉与水浴锅）
③ 自动部分收集器　　　　　　④ 磁力搅拌器
⑤ 混合器　　　　　　　　　　⑥ 恒流泵
⑦ 电子天平

3.3.2　实验器材

① 可调取液器　　　　　　　　② 连续加液器

③ 层析柱：$\Phi1.0cm\times10cm$　　④ 吸管

⑤ 吸管架　　　　　　　　　　⑥ 试管

⑦ 试管架　　　　　　　　　　⑧ 烧杯

⑨ 量筒　　　　　　　　　　　⑩ 滴管

⑪ 玻璃棒　　　　　　　　　　⑫ 剪刀

⑬ 镊子　　　　　　　　　　　⑭ 骨勺

⑮ 洗耳球　　　　　　　　　　⑯ 称量纸

⑰ 吸水纸　　　　　　　　　　⑱ 保鲜膜

⑲ 标签纸

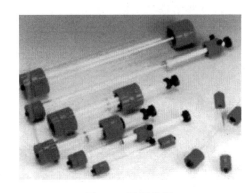

图 3-1　层析柱图

3.3.3　实验装置

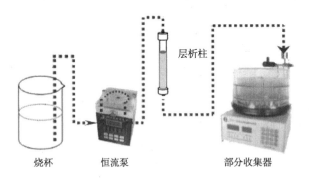

图 3-2　离子交换柱层析实验装置图

3.4　试剂与配制

3.4.1　实验试剂

（1）Zerolit 225 强酸型阳离子交换树脂（颗粒直径 $\Phi30\mu m$ 或相近型号）。

　　（2）天冬氨酸。

　　（3）赖氨酸。

　　（4）无水乙醇。

　　（5）95％乙醇。

　　（6）氢氧化钠。

　　（7）柠檬酸。

　　（8）茚三酮。

　　（9）浓硫酸。

　　（10）盐酸。

3.4.2　试剂配制

1）洗脱溶液的配制（0.45mol/L，pH 5.3柠檬酸缓冲液）

称取柠檬酸2.85g，氢氧化钠1.86g于一烧杯中，先用少量蒸馏水溶解，再加浓硫酸1.05mL，最后用蒸馏水稀释至100mL，混匀即可。

2）盐酸（0.02mol/L HCl）溶液的配制

吸取1.0mol/L HCl 1.0mL，用蒸馏水稀释至50.0mL，混匀即可。

3）样品溶液的配制（Asp和Lys）

分别称取赖氨酸和天冬氨酸各7.0mg于小烧杯内，然后加0.02mol/L HCl 10.0mL溶解即可（根据分离情况亦可再加甘氨酸）。

4）60％乙醇溶液的配制

取95％乙醇63.0mL，加蒸馏水至100.0mL，混匀即可。

5）显色剂的配制

称取茚三酮2.0g于一烧杯中，然后加无水乙醇100.0mL溶解即可。

3.5　实验步骤

3.5.1　离子交换树脂的处理

本实验采用已预先处理好并转成Na^+型的Zerolit 225强酸型阳离子交换树脂（200～400目或颗粒直径$\Phi 30\mu m$相近型号）。

注：有关该类型离子交换树脂的一般处理方法如下：

称取所需量离子交换树脂于3倍树脂体积蒸馏水中溶胀过夜→用砂芯漏斗（下同）抽干蒸馏水→抽干树脂置于3倍树脂体积的2mol/L HCl中，间隔电动搅拌2h→抽干酸液并用蒸馏水淋洗树脂抽滤至近中性→抽干树脂置于3倍树脂体积的2mol/L NaOH

中，间隔电动搅拌 2h→抽干碱液并用蒸馏水淋洗树脂抽滤至近中性→抽干树脂置于 3 倍树脂体积的 1mol/L NaCl 中，间隔电动搅拌 1h（此步骤为转型，阳离子交换树脂将转成 Na$^+$ 型，阴离子交换树脂将转成 Cl$^-$ 型）→抽干盐溶液并用蒸馏水淋洗树脂抽滤至无盐状态（5～10 倍树脂体积）→抽干树脂置于蒸馏水（或平衡缓冲液）中备用。

3.5.2　层析柱常规装柱（湿式重力自然沉降装柱法）

（1）选择柱底端滤芯完好的洁净层析柱，将其垂直装在台式铁支架上，在柱内注入适量洗脱液，打开柱底端出口，洗脱液从柱底端流出并排除柱底端及连接管道中的气泡，待柱内留有约 1.0cm 高洗脱液时关闭柱底端出口。

（2）在已处理好的树脂烧杯中，加适量的洗脱液，搅成悬浮状，然后沿着贴紧柱内壁的玻璃棒，小心地加至适当高度。倒入时不要太快，以免产生泡沫和气泡。

（3）待树脂在柱子底部有明显沉积（10min 左右）后，慢慢打开柱底端出口，继续让树脂随水流自然沉下，用吸管吸去柱内上层过多的洗脱夜，继续向柱内加入悬浮的树脂直至沉积后柱床高度达 6.0cm 为止，此时柱床表面之上应留有一定高度（约 2.5cm）的溶液，关闭柱底端出口。

（4）在装柱时要避免使柱内液体流干而使装柱失败。另外，树脂悬浮液的温度要相对恒定或应与室温接近，否则柱床体内易产生气泡而影响层析效果。

（5）装好的层析柱应该没有"纹路"、节痕、气泡和渗漏，并且柱床体表面平整而均匀，这样方可投入使用，否则需要按上述步骤（1）～（4）重新装柱直至达到要求为止。

（6）在装柱期间应将其他连接层析柱的仪器设备（如自动部分收集器，恒流泵的流速事先调至 0.4mL/min）接通电源，并按实验要求进行调试。

3.5.3　层析柱平衡

层析柱装好后将上端的柱头拧紧使其密闭，将顶端用软管接上已事先调至 0.4mL/min 流速的恒流泵，打开柱底端出口，打开恒流泵用洗脱液以恒定的流速进行平衡，直至柱流出液的 pH（及离子强度）与原先洗脱液的 pH（及离子强度）相同为止（需要平衡 2～4 倍柱床体积），关闭恒流泵，关闭柱底端出口。

注：柱床体积＝柱截面积×柱床高度。

3.5.4　层析柱加样

（1）移去层析柱上端柱塞，轻轻打开层析柱底端出口，小心使层析柱内液体流至柱床表面时即关闭。

（2）用取液器吸取 0.5mL 氨基酸混合样液沿柱内壁缓慢地加入柱中直到样品全部加完，加样时应避免冲坏柱床的树脂表面。

（3）打开自动部分收集器电源开关，设定为 10.0min/管（即 4mL/管），并开始启动定时收集。

（4）在自动部分收集器电源开关打开并开始定时进行收集的同时，慢慢打开层析柱底端出口，使柱内样品液面流至与柱床树脂表面相平时即关闭。

注：进样的速度一定要慢，不能大于洗脱时的流速。

3.5.5 层析柱内壁清洗

清洗的目的是在手工加样后将柱内壁沾染残留的样液进一步洗入柱内。用取液器（或滴管）吸取适量（0.5mL）洗脱液，参照加样的方法轻轻旋转清洗层析柱内壁四周，慢慢打开层析柱底端出口，待柱内洗脱液液面缓慢流至与柱床树脂表面相平时再进行下一次清洗，如此反复清洗柱内壁四周 2～3 次。当最后一次洗脱液面流至与柱床树脂表面相平时关闭柱底端出口，用取液器（或滴管）吸取洗脱液，沿柱内壁缓慢地加入柱中，加至 2～3cm 高（避免冲坏树脂表面）。

注：清洗时避免稀释样品，清洗液进入柱的速度一定要慢，不能大于洗脱时的流速。

3.5.6 层析柱洗脱

盖上移去的层析柱上端柱塞（一定要密封），同时打开层析柱底端出口和已调好流速的恒流泵开关，用洗脱液以 0.4mL/min 恒定的流速开始进行洗脱分离。

3.5.7 收集样液

以每管 4.0mL 进行收集，需收集 12～15 管即可。也可一边收集，一边测定，根据测定结果来确定收集的管数，即结果所显示的第二个样品峰完全洗脱完毕，即可停止收集。

3.5.8 样液的测定

（1）将收集的各管按序编号后，依次分别吸取各管收集液 0.5mL，置于另一批同样编号的各对应的测定试管中。另外，吸取 0.5mL 洗脱缓冲液置于 0 号测定试管内。

（2）各测定试管内分别加入洗脱缓冲液 1.0mL 和茚三酮溶液 0.5mL，混匀后于沸水浴中加热 20min，然后用自来水冷却至室温。

（3）再在各测定试管内分别加入 60%乙醇溶液 3.0mL，用混合器混匀即可。

（4）混匀后的各测定试管样液，以 0 号管为空白管于 570nm 处进行光吸收测定和记录。

3.6 数据处理

测定后，以光吸收（A_{570nm}）为纵坐标，对应收集的管数（或体积）为横坐标作图绘制洗脱曲线以分析分离结果。

注：（1）装好的离子交换柱一般可以反复使用，但在下一次使用前需要再生处理。再生方法一般用 2～4 倍柱床体积的 1mol/L NaCl 溶液以层析时的流速清洗柱子，再换用蒸馏水清洗，再以平衡缓冲液平衡以准备下一次上样使用。如果柱床被污染和多次重

复使用后柱效下降，则可能需要倒出柱内介质另行处理后再重新装柱。

（2）由于一般的离子交换树脂颗粒网孔小、树脂本身疏水性强以及表面电荷密度大，对蛋白质吸附牢固不易洗脱、实际交换容量小等，因此常用于生物小分子的分离（如氨基酸、核苷酸、小分子多肽等）。但是离子交换树脂颗粒具有很强的机械强度，耐压性高，因此改良的大网孔亲水性细颗粒离子交换树脂可用于生物大分子在高分辨率的HPLC上进行分离。在层析中除了恒溶剂洗脱还有梯度、阶段等洗脱方式，这将在以后的相关实验中进行介绍。

3.7　思考题

（1）根据本次层析分离的结果，判断被分离样品中两种氨基酸（Asp 和 Lys）出峰的先后次序。

（2）利用离子交换层析理论的三种吸附状态，解释为何在本次恒溶剂洗脱条件下被分离样品中的氨基酸能够得到分离。

（3）柱平衡的目的和要求是什么，装柱、上样、清洗、洗脱的技术要点是什么？

（4）在氨基酸的茚三酮测定中，0 号管的意义是什么？

（5）在洗脱曲线上如何根据被洗脱峰测定该柱的理论塔板数？

实验 4　凝胶层析
（分离蛋白质及相对分子质量测定）

4.1　实验目的与要求

（1）通过实验了解并熟悉凝胶层析的原理和实际应用。

（2）用自装的凝胶柱分离含有溶质分子大小不同的样品溶液，并绘出洗脱曲线（实验中注意观察两个有色样品的分离现象）。

（3）学习凝胶柱的装柱、上样、洗脱的技术要点。

4.2　实验原理

凝胶层析（gel chromatography，GC）也称为凝胶渗透层析（gel permeation chromatography，GPC）、凝胶过滤层析（gel filtration chromatography，GF）、凝胶排阻层析（gel exclusion chromatography）和凝胶分子筛层析（gel molecular sieve chromatography）。凝胶层析是按照溶质的分子大小和形状的差异而进行分离的一种液相层析技术。

当溶质分子大小不同的样品溶液通过凝胶柱时，由于凝胶颗粒网孔内部的网络结构具有分子筛效应，分子大小不同的溶质就会受到不同的阻滞作用。分子质量大的因不易渗入网孔，被排阻在颗粒外，因而所受到的阻滞作用小，先流出层析床；分子质量小的因能渗透到网孔内部，洗脱流程长，因而所受到的阻滞作用大，后流出层析床，这样就可以达到分离的目的（参见图 4-1）。

凝胶层析洗脱条件温和，分离后不损害样品的结构与活性，层析后柱不需要再生处理。以合适的凝胶，利用已知分子质量标准蛋白质（Marker）层析的保留体积与分子质量对数的线性关系可以测定天然蛋白质样品的分子质量（见实验附注）。另外，凝胶层析亦常应用于蛋白质的脱盐处理。

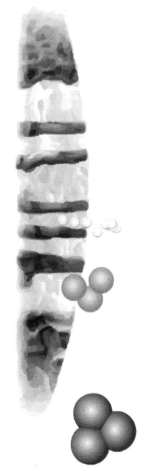

图 4-1　凝胶层析分离示意图

4.3　实验仪器、器材与装置

4.3.1　实验仪器

①　紫外检测仪　　　　　　②　色谱工作站装置（或记录仪代替，下同）
③　计算机：笔记本电脑　　④　磁力搅拌器
⑤　恒流泵　　　　　　　　⑥　混合器
⑦　电子天平　　　　　　　⑧　自动部分收集器

4.3.2　实验器材

①　可调取液器　　　　　　②　砂芯漏斗
③　吸管　　　　　　　　　④　吸管架
⑤　烧杯　　　　　　　　　⑥　量筒
⑦　抽滤瓶　　　　　　　　⑧　层析柱：$\Phi1.0cm\times20cm$
⑨　滴管　　　　　　　　　⑩　玻璃棒
⑪　剪刀　　　　　　　　　⑫　镊子
⑬　骨勺　　　　　　　　　⑭　洗耳球
⑮　称量纸　　　　　　　　⑯　吸水纸
⑰　保鲜膜　　　　　　　　⑱　标签纸或记号笔

4.3.3　实验装置

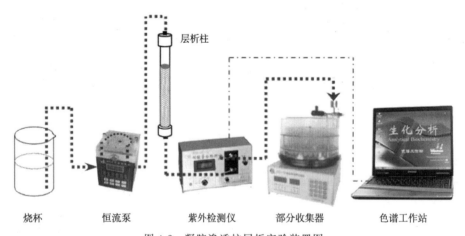

图 4-2　凝胶渗透柱层析实验装置图

4.4　试剂与配制

4.4.1　试剂

（1）葡聚糖凝胶 Sephadex G25。

（2）磷酸氢二钠。

（3）磷酸二氢钠。

（4）血红蛋白（Hb）。

（5）核黄素（维生素 B_2）。

4.4.2　试剂配制

1）洗脱液

0.05mol/L，pH 4.3 磷酸缓冲液。

2）样品溶液的配制

分别称取血红蛋白 20.0mg，核黄素 20.0mg 于一烧杯中，加洗脱液 10.0mL，搅拌溶解 2h，4000r/min 离心后取其上清液备用。

4.5　实验步骤

4.5.1　凝胶的处理

本实验采用已预先处理好的葡聚糖凝胶 Sephadex G25。

注：有关该类型层析凝胶的一般处理方法如下：

称取所需量新购干层析凝胶于足量蒸馏水中，缓慢搅拌后溶胀过夜（或溶胀 24h 至数天或沸水浴中 2h）使其充分溶胀。溶胀后搅动凝胶再静置，待凝胶沉积后，轻轻倒去上层细颗粒悬浮液→用砂芯漏斗（下同）抽干蒸馏水→抽干凝胶置于 2 倍凝胶体积的 0.5mol/L NaOH 中，间隔缓慢搅拌 1h→抽干碱液并用蒸馏水淋洗凝胶抽滤至近中性→抽干凝胶置于 2 倍凝胶体积的 1mol/L NaCl 中，间隔缓慢搅拌 0.5h→抽干盐溶液并用蒸馏水淋洗凝胶抽滤至无盐状态→抽干凝胶置于蒸馏水（或平衡缓冲液）中，适当缓慢搅拌后备用。

4.5.2　装柱

（1）将层析柱垂直装好在台式铁支架上，在柱内注入适量洗脱液，打开柱底端出口，洗脱液从柱底端流出并排除柱底端及连接管道中的气泡，待柱内留有约 1.0cm 高洗脱液时关闭柱底端出口。

（2）将处理好的层析凝胶在烧杯中加 1 倍凝胶体积的洗脱液并搅成悬浮状，随后立即自柱顶部沿着贴紧柱内壁的玻璃棒，缓缓加入柱中加满。

（3）柱静置后待底部凝胶明显沉积至 1～2cm 高时，缓缓打开柱底端出口，重新搅动烧杯中的凝胶悬浮液，随之继续补充添加凝胶悬浮液直至柱床体沉积至 15.0cm 高为止，此时柱床表面之上应留有一定高度（约 2cm）的溶液，关闭柱底端出口。

注：柱床内如有气泡、节痕和柱床表面不平整，必须重新装柱，直至柱床内无气泡、节痕、斑纹和柱床表面平整为止。

（4）用洗脱液将恒流泵的流速事先调至 0.5mL/min，去除恒流泵与层析柱的连接管道内的气泡后接到层析柱上端。参见图 4-2，连接柱下端软管至紫外检测仪，连接好色谱工作站、计算机、部分收集器等相关设备，并打开电源进行正确调试使其处于待机准备状态。

注：在连接柱下端至紫外检测仪的管道内不能留有气泡。

4.5.3　平衡

柱装好后，使柱床稳定 5～10min，然后接上恒流泵，打开柱底端出口，用 2～4 倍柱床体积的洗脱液以恒定流速进行动态平衡，使层析柱床体稳定。平衡快结束时观察色谱工作站的记录基线是否稳定，稳定后重新调节紫外检测仪的光吸收 A_{280nm} 零点至色谱工作站的记录基线。平衡结束，关闭柱底端出口。

注：平衡好的柱子在上样之前，除了用肉眼观察柱床无气泡、斑纹、节痕和柱床表面平整外，还可用蓝色葡聚糖 2000 溶液进行柱层析行为的检查。在层析柱内加入 0.5mL 蓝色葡聚糖 2000 溶液（2.0mg/mL），然后用洗脱液进行洗脱（流速不变）。在层析中移动的指示剂色带狭窄均一则表明装柱良好。检查后，再重复步骤 4.5.3 进行重新平衡，准备使用。

4.5.4　加样

打开柱顶塞，慢慢打开平衡好的层析柱底端出口，使柱内液体流至与柱床表面相平时，关闭层析柱底端出口，吸取样品溶液 0.5mL，在柱床表面上方，沿柱内壁缓缓加入，注意不要冲坏柱床表面。样液全部加完后，先开启计算机色谱工作站记录软件，使其处于记录工作状态，并作一加样标记，开启部分收集器（3mL/管），然后慢慢打开层析柱底端出口，当样品溶液流至与柱床表面相平时，再次关闭层析柱底端出口。

4.5.5　柱内壁清洗

吸取适量洗脱液（0.5～1.0mL/次），沿柱内壁加样处，用洗脱液轻轻旋转清洗柱内壁沾染的样品，然后慢慢打开柱底端出口，当清洗洗脱液流至与柱床表面相平时，关闭层析柱底端出口。如此反复清洗层析柱内壁四周 2～3 次。最后一次清洗结束后，在层析柱内小心加入洗脱液保留至 2～3cm 高，目的是防止之后洗脱液滴入时冲坏柱床表面。

注：凝胶层析手工加样的技术要点是防止样品被稀释和扩散，进样的速度一定要慢，不能大于层析时的流速。每次清洗柱内壁时均需使柱内液体流至与柱床表面相平时，再进行下一次清洗（以防样品被稀释），且清洗液进入柱的速度也要慢，不能大于层析时的流速。

4.5.6　洗脱

加样、清洗后，在柱上端接上柱塞，连接上已调好流速的恒流泵，用洗脱液以恒定流速进行洗脱分离，同时根据实验需要进行部分收集。当色谱工作站电脑屏幕出现的第二个洗脱峰回到基线后（参考图 4-3），继续洗脱 10min 后停止洗脱（60～80min），关闭层析柱。

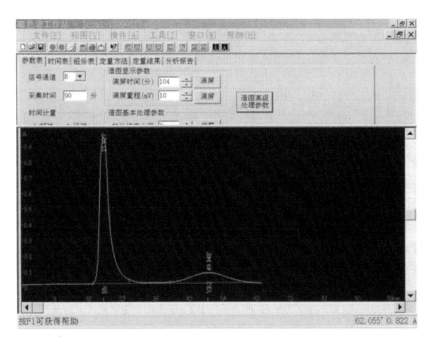

图 4-3　色谱工作站记录柱层析洗脱曲线示意图

4.5.7　清洗仪器及相关装置

层析结束后，需用蒸馏水清洗仪器各管道。将恒流泵管道的进口端放入一盛有蒸馏水的烧杯中，恒流泵管道出口端连接至紫外检测仪管道的入口端（下部），紫外检测仪管道的出口端（上部）与所用其他管道（如部分收集器）相连接，同时将另一空烧杯放在管道末端以收集流出的废液，启动恒流泵，冲洗管道 10min，关闭并还原所有仪器。

4.6　数据处理

停止洗脱后，将色谱工作站记录的洗脱曲线（参见图 4-3）保存到老师规定的文件夹中，同时分析、计算并打印出实验结果，并给出结论性的实验报告。

注：装好的凝胶柱一般可以反复使用，在下一次使用前不需要再生处理。在凝胶柱分离结束后，再用 1～2 倍柱床体积洗脱液冲洗后即可进行下一次上样分离。

4.7　思考题

（1）根据凝胶层析原理（并可针对本次层析分离时柱上移动色带的辅助观察），解释本次洗脱曲线的分离结果。

（2）计算 Hb 和维生素 B_2 在本次层析分离中的 V_e，另外 V_0 是多少？（Sephadex G25 凝胶参数参见附录）

（3）计算本次分离的分离度（R_s）是多少？

（4）凝胶层析手工上样、清洗的要求和操作技术要点是什么？

（5）何谓凝胶柱的脱盐？如何用凝胶层析测定蛋白质的分子质量？

附注：凝胶层析测定蛋白质分子质量实验条件（供实验选择用）

凝胶：Sephadex G75；柱：$\Phi 10mm \times 80cm$；装柱高度：70cm。

洗脱液：0.05mol/L，pH 4.3 磷酸缓冲液＋0.1mol/L NaCl。

流速：0.5mL/min。

标准分子质量蛋白质：用洗脱液配制标准蛋白质溶液，使每毫升溶液含有 67kDa[*] 牛血清白蛋白 2.5mg、45kDa 鸡卵清蛋白 6.0mg、24kDa 胰凝乳蛋白酶原 A 2.5mg 和 14.3kDa 溶菌酶 2.5mg。

加标准分子质量蛋白质样品：0.5mL，层析分离有 4 个峰，分别测量其洗脱体积 V_e。

未知分子质量蛋白质样品（由实验自定）：6mg/mL，加样：0.5mL，同标准分子质量蛋白质层析条件分离，测量其洗脱体积 V_e。

以标准分子质量 $\lg M_r$ 对应 V_e 作图，求出未知蛋白质分子质量，参见图 4-4。

$$V_e = K_1 - K_2 \lg M_r$$

其中，K_1 与 K_2 为常数，M_r 为分子质量。

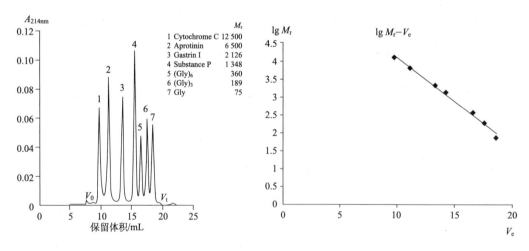

图 4-4　凝胶层析蛋白质分子质量测定示意图

---

[*] 　$1Da = 1.660\,54 \times 10^{-27} kg$。

实验 5　DEAE-纤维素梯度洗脱层析

5.1　实验目的与要求

（1）通过自装的 DEAE-纤维素弱碱性阴离子交换层析柱，采用一条线性离子强度洗脱曲线，对鸡蛋白蛋白样品进行分级分离，以了解柱层析梯度洗脱的层析方法。

（2）进一步系统熟悉和掌握装柱、平衡、上样、洗涤、梯度洗脱、收集、测定等柱层析的实验技术要点。

（3）进一步了解离子交换层析在生物大分子分离中的实际应用。

5.2　实验原理

DEAE-纤维素是以纤维素为母体接有二乙基氨基乙基（DEAE）活性基团的弱碱性阴离子交换剂：

$$纤维素-O-CH_2-CH_2-N^+H(C_2H_5)_2$$

DEAE-纤维素离子交换剂的主要特点是：①表面所含离子交换基团少，对蛋白质吸附不太牢，洗脱体积温和；②开放性长链具有较大的表面，实际交换容量大；③纤维素表面具有亲水性，生物大分子吸附后，不易变性，因此它在离子交换层析中常用于蛋白质、核酸、激素、酶等生物大分子的分离与纯化。

对于某些组分比较复杂或性质比较相近的蛋白质样品，在采用一般的恒溶剂系统进行离子交换层析时，往往不容易分离，这时可采用梯度洗脱，即利用一定的样品离子在不同的离子强度或 pH 溶液中对一定的离子交换剂的平衡常数不同，在洗脱过程中，通过不断连续改变洗脱液的离子强度或 pH（根据实验的具体情况，也可同时改变离子强度和 pH），逐步改变样品中各组分与离子交换剂的交换能力以增加柱的分离度，最后使复杂的样品得到分离，这种层析方式称为梯度洗脱层析。常见简单的梯度洗脱产生装置为连通器式，如图 5-1 所示，当 $A_1 = A_2$ 时，产生线性梯度；当 $A_1 > A_2$ 时，产生凹形梯度；当 $A_1 < A_2$ 时，产生凸形梯度。不同的样品，应根据实验情形，选择合适的梯度洗脱曲线。

注：洗脱液的梯度产生装置在高级自动蛋白质纯化系统中有计算机控制的多元泵式、比例阀式或多元泵与比例阀混合式，这将在以后的综合实验中有所应用。

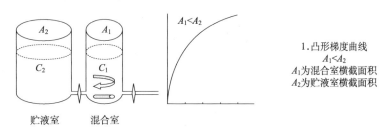

贮液室　　混合室

1.凸形梯度曲线
$A_1 < A_2$
A_1为混合室横截面积
A_2为贮液室横截面积

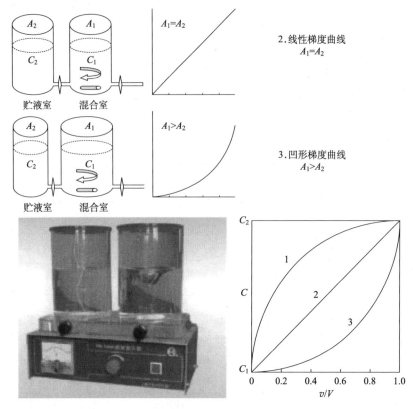

图 5-1　连通器式梯度混合器及梯度关系式示意图

$$C = C_2 - (C_2 - C_1)(1 - v/V)^{A_2/A_1}$$

其中，C 为从梯度混合器出口流出的混合液浓度；C_2 是洗脱液的浓度；C_1 是初始平衡液的浓度；v 是当流出液浓度为 C 时流出液的体积；V 是平衡液和洗脱液的总体积；A_1 和 A_2 分别为混合室和贮液室的横截面积。

该梯度关系式是自动梯度发生器的数学模型。

5.3　实验仪器、器材与装置

5.3.1　实验仪器

① 紫外检测仪　　　　　　　　② 计算机及色谱工作站装置

③ 磁力搅拌器　　　　　　　　④ 恒流泵

⑤ 电子天平　　　　　　　　　⑥ 混合器

⑦ 梯度混合器：2×100mL（可采用两个烧杯的虹吸管简易梯度装置，参见图 5-2）

⑧ 自动部分收集器

5.3.2　实验器材

① 层析柱：Φ1.0cm×20cm　　　② 烧杯

③ 量筒　　　　　　　　　　　④ 可调取液器

⑤ 剪刀　　　　　　　　　　　⑥ 镊子

⑦ 玻璃棒　　　　　　　　　　⑧ 骨勺

⑨ 称量纸　　　　　　　　　　⑩ 吸水纸

⑪ 保鲜膜　　　　　　　　　　⑫ 标签纸或记号笔

5.3.3　实验装置

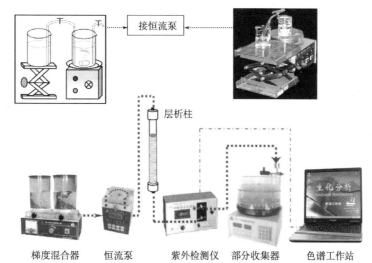

(a) 梯度层析装置连接示意图（含简易梯度装置）（由两只同样烧杯组成的简易虹吸梯度装置）

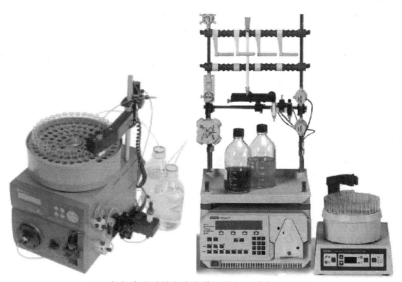

(b) 具有自动洗脱梯度生产装置的低压常规层析系统

图 5-2　实验装置示意图

5.4　试剂与配制

5.4.1　实验试剂

(1) 三羧甲基氨基甲烷 (Tris)。
(2) 鸡蛋白蛋白 (CEA)。
(3) DEAE-纤维素 (DE52)。
(4) 盐酸。
(5) 氯化钠。

5.4.2　试剂配制

1）Buffer A 初始平衡缓冲液的配制

20mmol/L，pH 8.0 Tris-HCl，称取 Tris 242.3mg 于一烧杯中，先加少量蒸馏水溶解，然后用稀 HCl 调至 pH 8.0，最后加蒸馏水稀释至 100.0mL，混匀即可。

2）Buffer B 洗脱缓冲液的配制

取 Buffer A 50.0mL，加氯化钠 2.9g (1.0mol/L)，溶解混匀即可。

3）CEA 样液的配制

20.0mg CEA＋1mL Buffer A。

5.5　实验步骤

1）DEAE-纤维素处理

本实验采用已处理好的 Cl⁻ 型 DEAE-纤维素 (已置于 20mmol/L，pH 8.0 Tris-HCl Buffer A 初始平衡缓冲液中)。

注：新 DEAE-纤维素的处理：称取所需量的 DEAE-纤维素，经蒸馏水充分溶胀后用砂芯漏斗抽干，再依次置于 4 倍体积的 0.5mol/L HCl 和 0.5mol/L NaOH 中，慢慢搅拌处理，每次 0.5h，换酸或碱时，先要用蒸馏水将纤维素抽洗至近中性。再置于 1mol/L NaCl 中处理 0.5h 转型，最后用蒸馏水抽洗后置于蒸馏水或平衡缓冲液中备用 (应避免对 DEAE-纤维素过多和过长时间的酸处理)。

2）装柱

将处理好的 DEAE-纤维素置于烧杯中，并加入约 1 倍柱床体积的 Buffer A，用玻璃棒搅匀，随即沿着贴紧柱内壁的玻璃棒，缓缓倒入已垂直架好并底端出口关闭且具有底端缓冲液层的层析柱中，静置约 5min。打开层析柱底端出口，吸取多余的柱内上清液，继续添加纤维素悬浮液，直至沉积高度为 10.0cm。在装柱过程中要防止柱床流干。柱装好后，应无节痕、气泡、斑纹，并且界面平整。

3）平衡

层析柱装好后接上已事先调至 0.8mL/min 流速的恒流泵的柱塞，打开柱底端出口，开启恒流泵并用 Buffer A 以恒定的流速进行平衡，直至柱流出液的 pH 及离子强度与平衡的 Buffer A 相同为止（大约需要平衡 30min，3～4 倍柱床体积），关闭恒流泵，关闭柱底端出口。

4）加样与柱内壁清洗

加样前先调试好恒流泵流速，参见图 5-2 连接并打开紫外检测仪、色谱工作站、计算机、部分收集器等装置，使整个系统处于预热准备状态（自动部分收集器设定为 5min/管，即 4mL/管，调节紫外检测仪的光吸收 A_{280nm} 零点至色谱工作站的记录基线）。

打开柱底端出口使柱内液面降至柱床表面后关闭，吸取 1.0mL 样液沿柱管内壁缓缓加入，加毕后，慢慢打开柱底端出口（同时启动部分收集器和色谱工作站记录软件开始记录和收集），待液面降至柱床表面时，再吸取少量 Buffer A，按照常规方法清洗柱内壁 2～3 次，每次清洗均需将液面降至柱床表面，并防止冲坏柱床表面，最后用 Buffer A 溶液加至 2.5cm 高。

5）洗涤

洗涤的目的是利用柱的初始平衡缓冲液洗涤上样后样品中未被吸附组分的穿过峰。接上柱上端柱塞（需保证柱的密闭性）并连接恒流泵，用 Buffer A 以 0.8mL/min 流速，洗涤至少 15min（2～3 倍柱床体积），洗涤时注意色谱工作站记录曲线，如果有穿过峰出现，直至洗涤穿过峰至基线（洗涤期间可准备梯度装置）。

6）梯度洗脱

先将梯度混合器（参见图 5-1 和图 5-2）混合阀门和输出阀门关闭（向左），然后倒入 Buffer B 溶液 60mL 于梯度混合器贮液室中，打开混合阀门（向右），让溶液经过通道渗入混合室，立即关闭混合阀门，再将搅拌磁棒放入混合室中并在其中倒入 Buffer A 溶液 60mL。

再将恒流泵进口端管道与梯度混合器中盛有 Buffer A 的梯度杯底部出口端相连接，然后打开层析柱底端出口和梯度混合器混合阀门，打开梯度混合器电磁搅拌器开关，以调好的 0.8mL/min 流速和方向进行梯度洗脱层析。在洗脱中，随着 Buffer A 杯室中溶液的减少，其液面将下降，此时 Buffer B 杯室中的溶液将由连通管不断地补充到 Buffer A 的杯室中来，并且迅速搅匀，这样就产生了一种浓度以梯度形式不断增加的洗脱曲线进行梯度洗脱层析分离。待样液最后一个洗脱峰已回到基线时，继续洗脱 10min，层析分离结束。

7) 层析柱再生

以同样的流速,层析柱改用 1.0mol/L 氯化钠溶液洗脱 20min,再用蒸馏水洗涤 20min,即可在下一次平衡中使用。

5.6　数据处理

停止洗脱后,将色谱工作站记录的洗脱曲线保存到规定的文件夹中,同时分析并打印出实验结果,并给出结论性的实验报告。

注:梯度洗脱曲线可通过手工测量或自动测量获得,手工测量可利用电导率仪测定每个收集管内的电导(或测定 pH),再对应管号在洗脱曲线上作图,而自动测量则需要在层析柱下端再连接电导流动实时检测电极(或流动 pH 电极)即可自动连续记录测量。

5.7　思考题

(1) 在本次柱层析条件下,上样后样品在柱上的吸附状态如何?洗涤步骤的目的和要求是什么?

(2) 为何梯度洗脱方式可以提高离子交换层析的分离度?

(3) 为何离子交换层析柱在使用后需再生才能重复使用?

(4) DEAE-纤维素离子交换剂对使用的 pH 有何要求?

(5) 利用洗脱曲线和色谱工作站如何定性和定量分析被分离的 CEA(包括纯度和归一化法相对含量分析)?

实验 6 疏 水 层 析

6.1 实验目的与要求

（1）通过自装的苯基琼脂糖疏水层析柱，采用阶段洗脱的方式分离血红蛋白样品。

（2）了解和掌握疏水层析的原理、方法和实际应用。

6.2 实验原理

疏水层析（或疏水相互作用层析，hydrophobic interaction chromatography，HIC）是利用被分离样品中不同生物分子表面的疏水性差异，而将其分离纯化的一种液相层析方法。

疏水层析的介质通常是一类在惰性支持物上接有疏水基团的层析载体，如苯基琼脂糖（phenyl sepharose）、辛基（octyl）琼脂糖、丁基（butyl）琼脂糖等。

对于不同的蛋白质和多肽而言，其分子表面一般有着不同的疏水和亲水结构域，当将这些生物样品加入含有高盐浓度（高离子强度）缓冲液的 HIC 柱中时，由于溶液中高浓度盐离子与水分子的作用，降低了样品分子的溶剂化作用，从而增加暴露了样品分子表面的疏水区，这样就促使样品分子表面疏水基团与 HIC 柱上的疏水基团相互作用，结果使样品被吸附到 HIC 柱上。因此，疏水层析亦称疏水相互作用层析。

样品吸附在 HIC 柱上的强弱程度，取决于样品本身的疏水性质和样品环境中盐离子的强度。一般来说，疏水性强的只需要较低的盐浓度，疏水性弱的则需要较高的盐浓度 ［如 1.7mol/L（NH_4）$_2SO_4$］。吸附在 HIC 柱上的生物分子，可以采用降低洗脱液中盐浓度的方法，使其从柱上洗脱下来，洗脱方法可以是梯度洗脱，也可以是阶段洗脱。样品中不同分子被洗脱的顺序依据其疏水性弱与强从先到后，从而达到分离的目的。HIC 常在基因工程产品的分离、纯化中有所应用。

6.3 实验仪器与器材

6.3.1 实验仪器

① 恒流泵　　　　　　　　② 紫外检测仪

③ 色谱工作站装置　　　　④ 计算机：笔记本电脑

⑤ 磁力搅拌器　　　　　　⑥ 电子天平

⑦ 混合器

6.3.2   实验器材

① 可调取液器	② 量筒
③ 烧杯	④ 层析柱：$\Phi 1.0\text{cm} \times 10\text{cm}$
⑤ 吸管	⑥ 吸管架
⑦ 滴管	⑧ 剪刀
⑨ 镊子	⑩ 玻璃棒
⑪ 骨勺	⑫ 洗耳球
⑫ 称量纸	⑭ 吸水纸
⑮ 保鲜膜	⑯ 标签纸
⑰ 记号笔	

6.4   试剂与配制

6.4.1   实验试剂

（1）牛血红蛋白。

（2）苯基琼脂糖 4B。

（3）磷酸氢二钠。

（4）磷酸二氢钠。

（5）硫酸铵。

（6）无水乙醇。

6.4.2   试剂配制

1）Buffer A 初始平衡缓冲液

含 1.0mol/L 硫酸铵的 0.02mol/L，pH 7.2 磷酸缓冲液 100mL。

配制方法：在 Buffer B 洗脱缓冲液中加入（NH_4）$_2SO_4$ 至 1.0mol/L，用量 100mL。

2）Buffer B 洗脱缓冲液

0.02mol/L，pH 7.2 磷酸缓冲液 200mL（从中取出 100mL 用于配制 Buffer A）。

3）20％乙醇溶液

取 20.0mL 无水乙醇，加 80.0mL 蒸馏水，混匀即可。

4）样品（10mg/mL）溶液

称取 10.0mg 牛血红蛋白，加 1.0mL Buffer A 溶液溶解（如有不溶物质，需 8000r/min 离心 10min，取上清液作为上柱样品）。

6.5 实验步骤

6.5.1 苯基琼脂糖（phenyl sepharose 4B）凝胶的处理

商品化的 phenyl sepharose 4B 凝胶颗粒保存在 20% 的乙醇溶液中，使用时取适量体积的凝胶在砂芯漏斗中用大于 10 倍凝胶体积的蒸馏水充分抽滤清洗，然后将洗净的凝胶转移到含有 Buffer A 的烧杯中。

6.5.2 装柱

（1）选择层析柱，观察柱底端滤芯是否完好，将选择的层析柱垂直装好在台式铁架上，关闭柱底端出口，在柱内注入少许（约 1.0cm 高）Buffer A 平衡缓冲液。

（2）将烧杯中已处理好的 phenyl sepharose 4B 凝胶，加适量的 Buffer A 搅成悬浮状，然后沿着贴紧柱内壁的玻璃棒，沿柱内壁细心加入，倒入时不要太快，以免产生泡沫和气泡。

（3）待凝胶在柱底部有明显沉积后（约 10min），慢慢打开柱底端出口，用吸管吸去柱内上层过多的平衡液，继续向柱内加入悬浮的凝胶直至沉积后柱床体高度为 3.0cm 为止。此时柱床表面之上应留有一定高度（约 2cm）的溶液，关闭柱底端出口。

（4）在装柱时要避免使柱内液体流干而使装柱失败。另外凝胶悬浮液的温度要相对恒定或应与室温接近，否则柱床体内易产生气泡而影响层析效果。

（5）检查层析柱是否装好。装好的层析柱应该没有"纹路"、节痕和气泡，并且柱床体表面平整而均匀。这样方可投入使用，否则需要重新装柱直至达到要求为止。

（6）连接并调试恒流泵（流速 0.5mL/min）、紫外检测仪、色谱工作站、计算机、部分收集器（8min/管）等装置，使整个系统处于工作准备状态。

6.5.3 平衡

用 5 倍柱床体积的 Buffer A 初始平衡缓冲液，以 0.5mL/min 的流速，平衡约 30min。平衡快结束时观察仪器稳定后，重新调节紫外检测仪的光吸收 A_{280nm} 零点至色谱工作站的记录基线。平衡结束后关闭柱底端出口。

6.5.4 加样

（1）移去层析柱上端柱塞，打开层析柱底端出口，小心使层析柱内液体流至层析柱床表面时即关闭。

（2）用自动取液器吸取样液 1.0mL 沿柱内壁缓慢加入柱中，加样时注意避免冲坏柱床表面。加样完毕后，在启动部分收集器（4mL/管）和色谱工作站记录软件记录的同时，慢慢打开层析柱底端出口，使液面流至与柱床表面相平时即关闭。

6.5.5 清洗柱内壁

用自动吸管（或滴管）吸取适量（约 1mL）Buffer A 平衡缓冲液，重复上样方法反复清洗层析柱内壁四周 2～3 次，每次清洗均需将液面降至柱床表面，并防止冲坏柱床表面，当最后一次清洗平衡缓冲液液面流至与柱床表面相平时即关闭柱底端出口，然后加入 3.0cm 高 Buffer A 平衡缓冲液。

6.5.6　洗涤

接上恒流泵，打开层析柱底端出口，以 0.5mL/min 的流速，继续用 Buffer A 平衡缓冲液（约 5 倍柱床体积）洗涤直至穿过峰（第一个小峰）回到紫外检测仪在色谱工作站上记录的基线，并稳定约 10min 后为止。关闭恒流泵，关闭层析柱底端出口。

6.5.7　阶段洗脱

1）用 Buffer B 洗脱缓冲液阶段洗脱 HIC 柱

阶段（或分步）洗脱就是相继（或突然）改变洗脱条件的一种柱层析洗脱方式。阶段洗脱的方法是：在各步骤更换洗脱液之间，应注意先将柱内液面降至柱床面后再在柱内加入 2～3cm 高的下一步骤溶液进行阶段洗脱。

打开柱顶塞吸去柱床面上多余的 Buffer A 后，用自动取液器慢慢加入 3.0cm 高 Buffer B 洗脱缓冲液（防止冲坏柱面），将恒流泵进口管道从 Buffer A 容器中抽出，开启恒流泵使管道内液体排空，将恒流泵进口管道插入 Buffer B 洗脱缓冲液容器，开启恒流泵使管道充满 Buffer B 并排除管道内所有气泡，关闭恒流泵。将恒流泵出口端再连接到层析柱上端，打开层析柱底端出口，用同样的流速（0.5mL/min）进行 Buffer B 阶段洗脱直至所出现的峰（第二个大峰）回到紫外检测仪在色谱工作站上记录的基线并稳定约 10min 后为止（此峰为血红蛋白组分）。

2）用蒸馏水阶段洗脱 HIC 柱

参照阶段洗脱的方法吸去柱内多余的 Buffer B 后，再缓慢加入 3.0cm 高的蒸馏水（防止冲坏柱面），用恒流泵改用蒸馏水以同样的流速（0.5mL/min）进行蒸馏水阶段洗脱直至所出现的峰回到紫外检测仪基线并稳定约 10min 后为止。

3）用 20% 乙醇溶液阶段洗脱并再生 HIC 柱

参照阶段洗脱的方法吸去柱内多余的蒸馏水后，再慢慢加入 3.0cm 高的 20% 乙醇溶液（防止冲坏柱面），用恒流泵改用 20% 乙醇溶液以同样的流速（0.5mL/min）进行 20% 乙醇阶段洗脱直至所出现的峰回到紫外检测仪基线并稳定约 10min 后为止（约 6 倍柱床体积，40min），层析分离结束。

注：20% 乙醇对 HIC 有很强的洗脱作用，同时可以作为 HIC 柱的再生处理。

4）用蒸馏水清洗 HIC 柱

参照阶段洗脱的方法吸去柱内多余的 20% 乙醇溶液后，再缓慢加入 3cm 高的蒸馏水（防止冲坏柱面），用恒流泵改用蒸馏水以同样的流速（0.5mL/min）进行水洗约

20min 后为止，整个层析结束。

水清洗后的 HIC 柱可再进行平衡和下一次的上样分离。

6.6　数据处理

层析分离结束后，将色谱工作站记录的洗脱曲线保存到文件夹中，同时分析并打印出实验结果，给出结论性的实验报告。

注：对于阶段洗脱曲线也可通过手工测量或自动测量获得（可参照实验 5）。

6.7　思考题

（1）疏水层析的洗脱特点是什么？

（2）疏水层析对所加样品的要求是什么？

（3）如何确定阶段洗脱的条件？

（4）疏水性强的样品是先出峰还是后出峰？

实验7 亲和层析
分离纯化胰蛋白酶（环氧氯丙烷活化法）

7.1 实验目的与要求

（1）通过环氧氯丙烷活化法自制接有鸡卵类黏蛋白配体的 Sepharose 4B 亲和吸附剂，应用亲和层析分离纯化胰蛋白酶。

（2）通过该实验了解和熟悉制备亲和吸附剂中有关载体活化和偶联的一般方法，并掌握亲和层析纯化胰蛋白酶及活性测定的技术。

注：环氧氯丙烷活化法无明显毒性，适合实验教学训练使用。

7.2 实验原理

亲和层析（affinity chromatography，AC）是利用生物分子间所特有的专一亲和力而设计的一种层析技术。

例如分离酶可用它的底物或竞争性抑制剂作为配体（ligand），纯化抗原可用它的特异性抗体作为配体，纯化激素可用它的特异性受体作为配体，纯化核酸可用它的互补碱基序列作为配体等，反之亦然。亲和层析的方法是在一定的固相载体上，用化学偶联的方法，接上一定的配体作为固定相，然后装柱，在一定的条件下当样品通过层析柱时，其中与配体具有特异性亲和力的组分被吸附在柱上（参见图7-1），然后通过改变洗脱条件，使得该组分被洗脱分离出来。亲和层析具有快速、高效、一步纯化的特点，但亲和层析的先决条件是，不同的分离对象需要选择接有专一性配体的固相化亲和吸附剂。有关亲和吸附剂的活化、接臂、偶联等制备技术详由理论课讲解。

图 7-1 亲和吸附示意图

7.3 实验仪器与器材

7.3.1 实验仪器

① 紫外-可见分光光度计 　　　　　② 多用途恒温水浴振荡器

③ 恒流泵　　　　　　　　　　　④ 自动部分收集器

⑤ 紫外检测仪　　　　　　　　　⑥ 色谱工作站装置

⑦ 计算机：笔记本电脑　　　　　⑧ 微型旋涡混合器

⑨ 电动磁力搅拌器　　　　　　　⑩ 电子天平

⑪ 冰箱　　　　　　　　　　　　⑫ 电炉

7.3.2　实验器材

① 砂芯漏斗　　　　　　　　　　② 抽滤瓶

③ 层析柱：$\Phi1.0\,cm\times10\,cm$　　④ 记号笔

⑤ 可调取液器　　　　　　　　　⑥ 量筒

⑦ 试管　　　　　　　　　　　　⑧ 试管架

⑨ 烧杯　　　　　　　　　　　　⑩ 吸管

⑪ 吸管架　　　　　　　　　　　⑫ 十字夹

⑬ 滴管　　　　　　　　　　　　⑭ 洗耳球

⑮ 剪刀　　　　　　　　　　　　⑯ 镊子

⑰ 玻璃棒　　　　　　　　　　　⑱ 骨勺

⑲ 称量纸　　　　　　　　　　　⑳ 吸水纸

㉑ 保鲜膜　　　　　　　　　　　㉒ 标签纸

7.4　试剂与配制

7.4.1　实验试剂

（1）三羟甲基氨基甲烷。

（2）1,4-二氧六环。

（3）鸡卵类黏蛋白。

（4）琼脂糖凝胶 Sepharose 4B。

（5）环氧氯丙烷。

（6）胰蛋白酶（trypsin）。

（7）碳酸氢钠。

（8）氢氧化钠。

（9）碳酸钠。

（10）氯化钾。

（11）氯化钙。

（12）氯化钠。

（13）盐酸。

（14）甲酸。

7.4.2　试剂配制

1）0.5mol/L NaCl 溶液的配制

称取 NaCl 2.9g，先用适量蒸馏水溶解，然后用蒸馏水稀释至 100mL，混匀即可。

2）56% 的 1,4-二氧六环溶液的配制

量取 1,4-二氧六环溶液 56mL，加蒸馏水稀释至 100mL，混匀即可。

3）2.0mol/L NaOH 溶液的配制

称取 NaOH 8.0g，先用适量蒸馏水溶解，然后用蒸馏水稀释至 100mL，混匀即可。

4）碳酸钠-碳酸氢钠（0.2mol/L，pH 9.5）缓冲液的配制

取 0.2mol/L Na_2CO_3 15mL，加 0.2mol/L $NaHCO_3$ 25mL 至 40mL，测 pH 9.5。

5）胰蛋白酶样品（16mg/mL）溶液的配制

称取胰蛋白酶 16.0mg，溶于 1.0mL 亲和柱平衡缓冲液中，溶解即可。

6）鸡卵类黏蛋白溶液的配制

称取鸡卵类黏蛋白 150mg，加 10mL 0.2mol/L，pH 9.5 Na_2CO_3-$NaHCO_3$ 缓冲液，溶解即可。

7）亲和柱初始平衡缓冲液

0.1mol/L，pH 7.8 Tris-HCl 含 0.5mol/L KCl 和 0.05mol/L $CaCl_2$。

8）亲和柱洗脱液

0.1mol/L，pH 2.5 甲酸溶液含 0.5mol/L KCl。

7.5　实验步骤

7.5.1　亲和层析吸附剂的制备

1）环氧氯丙烷活化 Sepharose 4B 载体

（1）称取所需量抽干的 Sepharose 4B 琼脂糖凝胶于砂芯漏斗中，然后用 0.5mol/L NaCl 溶液淋洗，完毕，再用蒸馏水淋洗并抽干。

（2）称取 8.0g 上述处理抽干的 Sepharose 4B 于三角瓶内，然后分别加入 2mol/L NaOH 6.5mL，环氧氯丙烷 1.5mL 和 56% 1,4-二氧六环 15mL。试剂加完后，将三角瓶用薄膜封口并放入 40℃的恒温水浴中振摇活化 2h。

（3）活化完毕，取出三角瓶，将瓶内的 Sepharose 4B 溶液倒入砂芯漏斗中抽干，并用蒸馏水反复抽洗（约 2 倍抽滤瓶体积），以洗去未反应的残留试剂，洗净后抽干。

（4）上述抽干的 Sepharose 4B 凝胶，再用 0.2mol/L，pH 9.5 Na_2CO_3-$NaHCO_3$ 缓冲液 20mL 洗涤，抽干。抽干后的 Sepharose 4B 再移入三角瓶内，即可进行偶联。

2）配体鸡卵类黏蛋白的偶联

（1）在上述含有抽干的活化 Sepharose 4B 的三角瓶内，加入鸡卵类黏蛋白溶液 10.0mL，加完后，将三角瓶（薄膜封口）放入 40℃ 的恒温水浴中振摇偶联 24h 左右。

（2）偶联结束后，将三角瓶内接有配体的 Sepharose 4B 亲和吸附剂转移到砂芯漏斗中，抽干，并用 0.5mol/L NaCl 溶液 100mL 洗去未被偶联的配体蛋白质，抽干。

（3）再用蒸馏水 100mL 洗涤，抽干，用亲和柱洗脱液 50mL 淋洗，抽干。最后用蒸馏水洗至中性（约 1 倍抽滤瓶体积），抽干，然后将抽干的 Sepharose 4B 亲和吸附剂转移到小烧杯中。

（4）将接有配体的 Sepharose 4B 亲和吸附剂置于小烧杯内，加入适量（30mL）亲和柱初始平衡缓冲液浸泡 15min，然后即可装柱。

7.5.2　亲和层析纯化胰蛋白酶步骤

1）装柱

将 $\Phi1.0cm\times10cm$ 的层析柱垂直架好在台式铁支架上，按常用的装柱方法和要求，将上述浸泡接有配体的 Sepharose 4B 亲和吸附剂搅拌成悬浮液缓慢倒入柱内，装成 4cm 高。连接并调试恒流泵（流速 0.5mL/min）、紫外检测仪、色谱工作站、计算机、部分收集器（8min/管）等装置，使整个系统处于工作准备状态。

2）平衡

将亲和柱初始平衡缓冲液用恒流泵以 0.5mL/min 的流速平衡 20min（2～3 倍柱床体积），平衡快结束时观察仪器稳定后，重新调节紫外检测仪的光吸收 A_{280nm} 零点至色谱工作站的记录基线。平衡结束后关闭柱底端出口。

3）加样与清洗

取样品溶液 1.0mL，采用常规柱层析手工加样和清洗柱内壁的方法与要求进行加样和清洗操作，然后加入 3.0cm 高的亲和柱初始平衡缓冲液（避免冲坏柱床表面）。

注：在此步骤一打开层析柱底端出口时，同时启动部分收集器（4mL/管）和色谱工作站记录软件。

4）洗涤

仍以 0.5mL/min 的流速，继续用亲和柱初始平衡缓冲液洗涤，直至穿过峰（第一个大峰）回到紫外检测仪在色谱工作站上记录的基线，并稳定约 10min 后为止。

5）阶段洗脱

吸去柱内多余的平衡缓冲液，加入 3.0cm 高的亲和柱洗脱液（避免冲坏柱床表面），将恒流泵换用亲和柱洗脱液，以 0.5mL/min 同样的流速进行洗脱直至样品峰（第二个小峰）回到紫外检测仪在色谱工作站上记录的基线，并稳定约 10min 后为止。结束层析，将实验结果保存到老师规定的文件夹中并打印出洗脱曲线。

6）清洗仪器及相关装置

从仪器装置中移去层析柱，并回收柱内 Sepharose 4B，然后用自来水冲洗净层析柱，再用蒸馏水荡洗。按照常规方法用恒流泵以蒸馏水清洗紫外检测仪等管道，完毕后关闭所有的仪器设备。

7.6　收集的样品溶液中胰蛋白酶活力的测定

胰蛋白酶（trypsin）能催化水解蛋白质中碱性氨基酸形成的肽键，也能水解碱性氨基酸所形成的酯键和酰胺键，催化活性表现出高度的专一性，因此可以用合成底物 N-苯甲酰-DL-精氨酸对硝基苯胺盐酸盐（BAPNA）来测定胰蛋白酶的活性。BAPNA 被水解后，即由无色变为黄色，可在 405nm 波长处测定其光吸收的变化，从而测得胰蛋白酶活力。

7.6.1　测定酶活力试剂与配制

1. 试剂

（1）N-苯甲酰-DL-精氨酸对硝基苯胺盐酸盐（BAPNA）。
（2）三乙醇胺。
（3）氯化钙。
（4）硫酸。
（5）盐酸。

2. 试剂配制

1）底物（S）的配制

称取 BAPNA 200mg，溶于 200mL 蒸馏水中，于沸水浴中加热溶解。

2）测定缓冲溶液（B）

0.2 mol/L，pH 7.8 三乙醇胺-HCl 缓冲液含有 0.02mol/L $CaCl_2$。

3）0.5mol/L H_2SO_4 溶液

4）样品溶液

按照酶活力测定步骤（表 7-1），分别吸取自动部分收集器收集的各管样品原液直接进行酶活力测定。

7.6.2　酶活力测定

按表 7-1 步骤测定收集液中胰蛋白酶活力。

表 7-1　样品溶液中酶活力的测定方法与结果表

试剂 ＼ 管号	0 对照	1	2	3	4	5	…n
缓冲液 B/mL	2.0	1.8	1.8	1.8	1.8	1.8	1.8
样品溶液/mL	—	0.2	0.2	0.2	0.2	0.2	0.2
保温条件/min	置 37℃恒温水浴 8min						
底物 S/mL	1.0	1.0	1.0	1.0	1.0	1.0	1.0
保温条件/min	置 37℃恒温水浴 5min						
0.5mol/L H_2SO_4/mL	0.5	0.5	0.5	0.5	0.5	0.5	0.5
A_{405nm}							

注：测定的管数由收集的具体管数多少（1，2，…，n）而定，不一定就是表中的 6 管。

7.7　数据处理

（1）在打印出的色谱工作站记录的洗脱曲线上对应以收集与酶活力测定的管数（或体积）为横坐标，光吸收 A_{405nm} 为纵坐标，绘制酶活力曲线。

（2）观察酶活力峰位置，并给出分离结果和结论性实验报告。

7.8　思考题

（1）亲和层析上样后为何有很大的穿过峰？

（2）本次亲和层析为何种洗脱方式？

（3）在本次亲和层析中通过改变洗脱液的何种条件使 trypsin 被洗脱，为什么？

（4）如何测定和计算 trypsin 在本次亲和层析中被纯化后的酶比活、纯化倍数、酶活性回收率与蛋白质回收率？

实验 8　金属螯合层析

8.1　实验目的与要求

（1）了解金属螯合层析的原理、方法和实际应用。
（2）用自装的金属螯合柱分离一蛋白质样品，并绘出洗脱曲线。
（3）学习和掌握金属螯合柱的装柱、上样、洗脱的技术要点。

8.2　实验原理

金属螯合层析（metal chelate chromatography，MCC）又称为固定化金属离子吸附层析（immobilized metal ion adsorption chromatography，IMAC），是利用蛋白质分子结构域表面组氨酸和半胱氨酸的稠密程度差异而进行分离的一种液相层析技术。

金属螯合层析的介质是在琼脂糖凝胶支持物上通过活化，偶联上共价连接的亚氨基二乙酸（IDA）基团。IDA 能与金属离子发生螯合作用，而被螯合的金属离子就形成了金属螯合层析的固定相。在实验中可以方便地使 IDA 螯合上不同的金属离子（如 Cu^{2+}、Zn^{2+}、Ni^{2+}、Ca^{2+}、Co^{2+}、Fe^{3+} 等）作为固定相，以进行分离条件的探索。层析后可用强络合剂 EDTA 将柱上螯合的金属离子清洗掉，然后再在柱上螯合上所选择的新金属离子。

金属螯合柱层析对蛋白质的分离，则是利用了蛋白质分子中的组氨酸咪唑基及半胱氨酸巯基残基在接近中性（在碱性 pH 时吸附更有效，但选择性降低）的水溶液中能与金属离子形成比较稳定的螯合物，即产生金属螯合作用而被固定相吸附，而这种吸附亲和力的大小与被吸附的蛋白质和多肽分子表面咪唑基和巯基的稠密程度差异有关，因而可以应用于层析分离。

金属螯合层析主要分为三个阶段：第一阶段是 IDA-琼脂糖螯合介质先与金属离子作用生成金属离子螯合介质；第二阶段是在一定的条件下，金属离子螯合介质与被分离的蛋白质分子形成金属离子螯合复合物；第三阶段是改变洗脱条件（通常是用咪唑或降低 pH 并增加盐浓度）从金属离子螯合介质上将被分离物质解吸下来。

金属螯合层析常用于基因工程产物的分离、纯化，尤其是对专门设计的基因融合表达的蛋白质（如与（His)₆ 特定组氨酸亲和标签融合表达的重组蛋白质）的纯化，具有操作简单、快速、纯化效率高等特点（可参见本书基因融合蛋白质的纯化实验）。

8.3　实验仪器与器材

8.3.1　实验仪器

①紫外检测仪　　　　　　　　　　②计算机及色谱工作站装置

③ 磁力搅拌器   ④ 恒流泵
⑤ 电子天平   ⑥ 混合器
⑦ 自动部分收集器

8.3.2 实验器材

① 层析柱：$\Phi 1.0cm \times 15cm$ ② 烧杯
③ 量筒   ④ 可调取液器
⑤ 剪刀   ⑥ 镊子
⑦ 玻璃棒   ⑧ 骨勺
⑨ 称量纸   ⑩ 吸水纸
⑪ 保鲜膜   ⑫ 标签纸或记号笔

8.4 试剂与配制

8.4.1 实验试剂

(1) 三羧甲基氨基甲烷（Tris）。

(2) 盐酸。

(3) 氯化钠。

(4) NaOH。

(5) Chelating Sepharose Fast Flow。

(6) $CuSO_4$（或 $NiSO_4$）。

(7) EDTA。

(8) 咪唑。

(9) 乙醇。

(10) 蛋白质样品或（His）$_6$ 融合蛋白质。

8.4.2 试剂配制

1）金属离子溶液

10mmol/L $CuSO_4$（或 0.1mol/L $NiSO_4$）蒸馏水溶液。

2）Buffer A 初始平衡缓冲液

50mmol/L，pH 7.0 Tris-HCl 含 0.5mol/L NaCl，200mL。

3）Buffer B 洗涤缓冲液

50mmol/L 咪唑，50mmol/L，pH 7.0 Tris-HCl，0.5 mol/L NaCl，100mL。

4）Buffer C 洗脱缓冲液

300mmol/L 咪唑，50mmol/L，pH 7.0 Tris-HCl，0.5 mol/L NaCl，100mL。

5）去除金属离子溶液

0.05mol/L EDTA 含 0.5mol/L NaCl 溶液 100mL。

6）1.0mol/L NaCl 溶液 50mL

7）1.0mol/L NaOH 溶液 50mL

8）20％乙醇溶液 50mL

9）样品溶液

5～10mg/mL 鸡蛋白蛋白（溶于 Buffer A）样品溶液 2mL [或综合实验（His）$_6$ 融合蛋白质细胞裂解蛋白质样品 20～40mL]，样品含盐量要低。

8.5　实验步骤

8.5.1　装柱

取 Chelating Sepharose Fast Flow 凝胶约 5mL，置于烧杯中，加入约 1 倍凝胶体积的蒸馏水，用玻璃棒搅匀，随即沿着贴紧柱内壁的玻璃棒，缓缓倒入已垂直架好且底端出口关闭并具有底端缓冲液层的层析柱中，静置约 2min。打开层析柱底端出口，吸取多余的柱内上清液，如需要，继续添加凝胶悬浮液，直至沉积高度为 4.0cm。在装柱过程中要防止柱床流干。柱装好后，应无节痕、气泡、斑纹，并且界面平整。

8.5.2　柱内 IDA 金属螯合介质连接金属离子

（1）调节恒流泵流速为 0.5mL/min 后连接柱，以 2 倍柱床体积蒸馏水清洗柱，以去除封存凝胶的乙醇。

（2）将恒流泵换用 10mmol/L CuSO$_4$ 水溶液，以 2 倍柱床体积过柱（注意观察柱颜色变化）。

注：此步骤可根据需要接不同金属离子。

（3）将恒流泵换用蒸馏水，以 10 倍柱床体积清洗柱。

8.5.3　平衡

将恒流泵换用 Buffer A 初始平衡缓冲液，以 5 倍柱床体积平衡柱子。期间启动已连接并调试完毕的紫外检测仪、色谱工作站、计算机、部分收集器等装置，使整个系统处于工作准备状态（自动部分收集器设定为 8min/管，即 4mL/管，调节紫外检测仪的

光吸收 A_{280nm} 零点至色谱工作站的记录基线）。

8.5.4　加样与柱内壁清洗

按照常规柱加样的方法加实验指定的样品，然后用 Buffer A 清洗柱内壁 2～3 次（注意观察柱颜色变化），最后用 Buffer A 溶液加至 3cm 高（加样时开始启动部分收集器和色谱工作站记录软件进行记录）。

8.5.5　洗涤

加样、清洗后，将恒流泵换用 Buffer B 洗涤缓冲液，洗涤穿过峰至基线，需 2～4 倍柱床体积。

8.5.6　洗脱

将恒流泵换用 Buffer C 洗脱缓冲液，进行阶段洗脱，待最后一个洗脱峰已回到基线时，继续洗脱 10min，层析分离、收集结束。

8.5.7　层析柱再生

（1）将恒流泵换用蒸馏水，以 2 倍柱床体积清洗柱子。

（2）将恒流泵换用 0.05mol/L EDTA 含 0.5mol/L NaCl 溶液去除金属离子，以 10 倍柱床体积清洗柱子（注意观察柱颜色变化）。

（3）将恒流泵换用蒸馏水，以 10 倍柱床体积清洗柱子。

（4）将恒流泵换用 1.0mol/L NaCl 溶液，以 2 倍柱床体积清洗柱子（去除 EDTA）。

（5）将恒流泵换用 1.0mol/L NaOH 溶液，以 2 倍柱床体积清洗柱子（去除残留蛋白质）。

（6）将恒流泵换用蒸馏水，以 10 倍柱床体积清洗柱子，直到 pH 低于 9。

注： 此时柱已可再接金属离子重复使用。

（7）将恒流泵换用 20％乙醇，以 4 倍柱床体积清洗后，拆除柱子，将柱填料保存于 20％乙醇中。

8.6　数据处理

（1）打印出色谱工作站记录的洗脱曲线，分析分离图谱。

（2）凝胶浓度为 12％的 SDS-聚丙烯酰胺凝胶电泳检测：

分别取 100μL 穿过峰、50mmol/L 咪唑缓冲液洗涤峰和 300mmol/L 咪唑缓冲液洗脱峰流出液。外加一个上柱前的样品液和蛋白质 Marker 作比较。利用实验 14，进行 12％ SDS-聚丙烯酰胺凝胶电泳，检测本次金属螯合层析的分离纯化结果，并给出结论性实验报告。

8.7　思考题

（1）金属螯合层析的固定相有什么特点？

（2）本次层析的洗脱原理是什么？

（3）为什么在本次层析的初始平衡缓冲液中要加入 0.5mol NaCl？

（4）金属螯合层析在连接金属离子、上样、洗脱、再生处理过程中，其颜色有何变化？为什么？

附注：IDA-琼脂糖 6B 的制备（供参考）

称取经蒸馏水抽洗的琼脂糖 6B 抽干滤饼湿重 30g，加入 1mol/L NaOH（含 0.2% NaBH$_4$）30mL，然后在 30℃水浴中搅拌下加入环氧氯丙烷 3mL，加毕，将水浴温度缓慢升至 60℃，保温继续活化反应 2h，趁热过滤并用预热的蒸馏水洗涤至近中性。在每 10g 上述凝胶中加入 50mL 含 2g 亚氨基二乙酸（IDA）的 2mol/L，pH 10.0 Na$_2$CO$_3$-NaHCO$_3$ 缓冲液，于 60～65℃水浴中搅拌偶联 24h，再分次加入 20mL 含 3g IDA 的碳酸盐缓冲液。反应产物用蒸馏水 2L，10% 乙酸 0.5L，蒸馏水 2L 依次洗涤。

实验 9　反 相 层 析

9.1　实验目的与要求

（1）了解反相柱层析的原理、方法和实际应用。
（2）用自装的反相柱分离一蛋白质样品，并绘出洗脱曲线。
（3）学习和掌握反相柱的装柱、上样、洗脱的技术要点。

9.2　实验原理

反相层析（reversed phase chromatography，RPC）是利用被分离样品中不同生物分子表面的极性（或疏水性）差异，而将其分离纯化的一种层析方法。

RPC 的介质通常是一类在惰性支持物上接有非极性基团作为固定相的层析载体，如 C_{18}（ODS）、C_8 辛基（octyl）、C_4 丁基（butyl）琼脂糖（或硅胶）等（图 9-1），在一定柱条件下可以在溶液中吸附非极性分子，吸附亲和力的大小与分子的非极性程度大小有关。

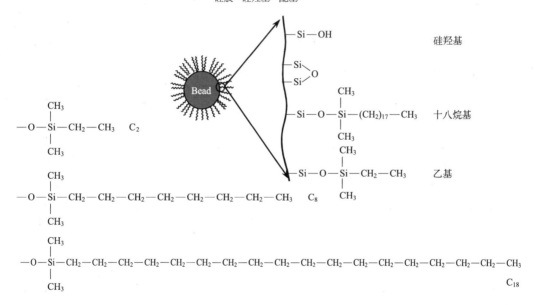

图 9-1　RPC 的固定相示意图

对于不同的蛋白质和多肽而言，由于非极性和极性氨基酸的组成不同，使其在分子表面结构域产生不同程度的非极性和极性区的差异，因而可以应用反相层析对生物分子进行分离、纯化。

　　通常反相层析使用有机溶剂（如乙腈、甲醇等）来调整流动相的非极性程度。在层析时，初始缓冲液中的有机溶剂比例比较小或为零，此时水的比例成分比较大，流动相极性较强，这样能够促使非极性较弱（或疏水性较弱）的分子也能够在柱上产生吸附作用。洗脱时，则通过增加洗脱液中有机溶剂的浓度即降低流动相的极性，使吸附的分子再解吸而被洗脱下来。

　　为了样品在反相层析中能够得到更好的分离，常需要在流动相中加入离子对试剂以增加样品的疏水性（参见图 9-2），样品带正电荷的常加入一定量的三氟乙酸（trifluoroacetic acid，TFA，CF_3—COO^-），样品带负电荷的常加入一定量的三乙胺（triethylamine，$(H_5C_2)_3N^+$）。

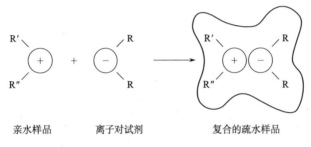

亲水样品　　　　　离子对试剂　　　　　复合的疏水样品

图 9-2　RPC 离子配对示意图

　　反相层析具有很高的分辨率，常用于 HPLC（如对重组药物、手性分子的纯化，肽图的分析等，参见图 9-3）。对于常压反相柱介质则可手工装柱，进行常规柱层析。但是应用反相层析要注意所使用的有机溶剂对生物分子活性的影响。

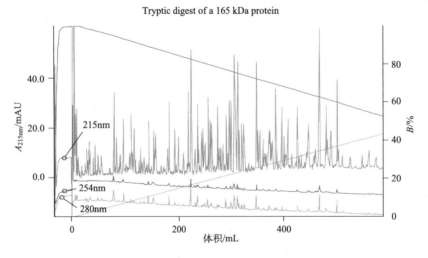

图 9-3　HPLC 反相柱分离水解蛋白质多肽指纹图谱分析图

9.3　实验仪器与器材

9.3.1　实验仪器

① 紫外检测仪 ② 计算机及色谱工作站装置
③ 磁力搅拌器 ④ 恒流泵
⑤ 电子天平 ⑥ 混合器
⑦ 自动部分收集器

9.3.2　实验器材

① 层析柱：$\Phi 1.0\mathrm{cm}\times 15\mathrm{cm}$ ② 烧杯
③ 量筒 ④ 可调取液器
⑤ 剪刀 ⑥ 镊子
⑦ 玻璃棒 ⑧ 骨勺
⑨ 称量纸 ⑩ 吸水纸
⑪ 保鲜膜 ⑫ 标签纸或记号笔
⑬ $0.45\mu\mathrm{m}$ 微孔滤膜及滤器

9.4　试剂与配制

9.4.1　实验试剂

（1）乙腈（Acetonitrile）。

（2）三氟乙酸（TFA）。

（3）SOURCE 30RPC（存放于 20％乙醇中）。

（4）H_3PO_4。

（5）NaOH。

（6）异丙醇。

（7）蛋白质样品：核糖核酸酶 A、胰岛素、白蛋白。

（8）乙醇。

9.4.2　试剂配制（所有配制溶液及样品用 $0.45\mu\mathrm{m}$ 滤器过滤后使用）

1）Buffer A 初始平衡缓冲液

0.1％ TFA 水溶液 500mL。

2）Buffer B 洗脱缓冲液

60％乙腈含 0.1％ TFA 100mL。

3）60%异丙醇含 5mmol/L H_3PO_4 50mL

4）60%异丙醇含 0.3mol/L NaOH 50mL

5）样品溶液

用 Buffer A 溶解的核糖核酸酶 A、胰岛素、白蛋白样品混合液 1mL。
核糖核酸酶 A 2mg＋胰岛素 2mg＋白蛋白 2mg/mL。
（亦可用细胞色素 C、溶菌酶、卵清蛋白各 2mg 的混合样品）

6）20%乙醇 50mL

9.5　实验步骤

9.5.1　装柱

取存放于 20%乙醇中的 SOURCE 30RPC 凝胶约 10mL，置于烧杯中，并加入约 1 倍凝胶体积的 20%乙醇，用玻璃棒搅匀，随即沿着贴紧柱内壁的玻璃棒，缓缓倒入已垂直架好且底端出口关闭并具有底端缓冲液层的层析柱中，静置约 2min。打开层析柱底端出口，吸取多余的柱内上清液，如需要，继续添加凝胶悬浮液，直至沉积高度为 8.0cm。在装柱过程中要防止柱床流干。柱装好后，应无节痕、气泡、斑纹，并且界面平整。调节恒流泵流速为 0.5mL/min 后连接柱，用 5 倍柱床体积蒸馏水清洗柱。

9.5.2　平衡

将恒流泵换用 Buffer A 初始平衡缓冲液，以 5 倍柱床体积平衡柱子。期间启动已连接并调试完毕的紫外检测仪、色谱工作站、计算机、部分收集器等装置，使整个系统处于工作准备状态（自动部分收集器设定为 8min/管，即 4mL/管），调节紫外检测仪的光吸收 A_{280nm} 零点至色谱工作站的记录基线。

9.5.3　加样与柱内壁清洗

按照常规柱加样、清洗的方法加实验指定的样品，然后用 Buffer A 清洗柱内壁 2～3 次，最后用 Buffer A 溶液加至 2cm 高。（加样时开始启动部分收集器和色谱工作站记录软件进行记录）

9.5.4　洗涤

将恒流泵继续用 Buffer A 初始平衡缓冲液，以流速为 0.5mL/min 洗涤穿过峰至基线，需 2～4 倍柱床体积。（洗涤期间准备梯度装置，梯度装置参见 DEAE 离子交换层析）

9.5.5　梯度洗脱

先将梯度混合器混合阀门和输出阀门关闭（向左），然后倒入 Buffer B 溶液 50mL

于梯度混合器的贮液室中，打开混合阀门（向右），让溶液经过通道渗入混合室，立即关闭混合阀门，再将搅拌磁棒放入混合室中并在其中倒入 Buffer A 溶液 50mL。

将恒流泵进口端管道与梯度混合器中盛有 Buffer A 的杯底部出口端相连接，打开梯度混合器混合阀门以及出口端阀门，打开梯度混合器电磁搅拌器开关，然后打开层析柱底端出口，开启恒流泵以调好的 0.5mL/min 流速和方向进行梯度洗脱层析。在洗脱中，随着 Buffer A 杯室中溶液的减少，杯室内液面将下降，此时 Buffer B 杯室中的溶液将由连通管不断地补充进入 Buffer A 的杯室中来，并且迅速搅匀，这样就产生了一种浓度以梯度形式不断增加的洗脱曲线进行梯度洗脱层析分离。待样液最后一个洗脱峰已回到基线时，继续洗脱 10min，层析结束。

9.5.6　层析柱再生

（1）将恒流泵换用蒸馏水，以 5 倍柱床体积清洗柱子。

（2）将恒流泵换用 5mmol/L H_3PO_4，60％异丙醇以 5 倍柱床体积清洗柱子。

（3）将恒流泵换用蒸馏水，以 5 倍柱床体积清洗柱子。

（4）将恒流泵换用 0.3mol/L NaOH，60％异丙醇以 5 倍柱床体积清洗柱子。

（5）将恒流泵换用蒸馏水，以 10 倍柱床体积清洗柱子，直到 pH 低于 9。

注： 此时柱已可重复使用。

（6）将恒流泵换用 20％乙醇，以 4 倍柱床体积清洗后，拆除柱子，保存柱填料于 20％乙醇中。

9.6　数据处理

（1）打印出色谱工作站记录的洗脱曲线，分析分离图谱。

（2）凝胶浓度为 12％的 SDS-聚丙烯酰胺凝胶电泳检测：

分别取 $100\mu L$ 穿过峰和缓冲液洗脱峰流出液，外加一个上柱前的样品液和蛋白质 Marker 作比较。利用实验 14，进行 12％ SDS-聚丙烯酰胺凝胶电泳，检测本次 RPC 的分离纯化结果，并给出结论性实验报告。

9.7　思考题

（1）反相层析流动相的特点是什么？

（2）离子对试剂在 RPC 中有何作用？

（2）如何根据出峰的顺序判断样品极性的大小？

（3）如何去除分离样品中的有机溶剂？

实验 10 聚焦层析

10.1 实验目的与要求

（1）了解并熟悉聚焦层析的原理和应用。
（2）学习聚焦层析的实验方法。

10.2 实验原理

聚焦层析（chromatofocusing，CF）是根据蛋白质的等电点（pI）差异，结合离子交换技术而进行分离的一种柱层析方法。聚焦层析具有分离容量大（能分离几百毫克蛋白质样品）、分辨率高（对洗脱峰有聚焦浓缩效应，峰宽度可达 0.04～0.05pH 单位）、操作简单（不需特殊的操作装置）等特点。

在电泳方法中，等电聚焦分离蛋白质的主要原理是：当不同等电点的蛋白质在具有固定 pH 梯度的凝胶中电泳时，最终会分别聚焦在等于各自等电点的 pH 位置，这是因为电泳到等电点 pH 位置的蛋白质其净电荷会变为零而停止移动，所以同一蛋白质会集中聚焦在同一等电点的位置。这样不仅达到了分离的目的，而且由于聚焦浓缩效应使蛋白质电泳条带变窄，提高了分辨。这种利用蛋白质等电平衡技术进行分离的方法即等电聚焦技术（可参见本书等电聚焦实验描述）。

在聚焦层析中，也借用了蛋白质的等电平衡技术。即让不同等电点的蛋白质在具有 pH 梯度的离子交换层析柱中进行层析分离，并以聚焦浓缩效应使蛋白质层析峰变窄，以提高分辨率。但是和等电聚焦电泳不同的是：

（1）聚集层析的 pH 梯度在层析柱中不是固定的，而是随着流动相的流动不断向柱下端变化移动的。

（2）在柱中不同蛋白质随流动相移动不是聚焦在各自等电点的 pH 位置，而是各自快速聚集到稍大于等电点的 pH 位置，再随着柱中 pH 梯度的变化而继续缓慢移动。

这种不同在于聚焦层析和等电聚焦的分离方法不同，其原理大致从三个方面来解释。

1）蛋白质的离子交换层析行为

在聚焦层析中是采用了碱性阴离子交换剂作为柱层析的固定相而进行蛋白质分离的。

在层析开始时，柱中的平衡 pH 设定为碱性（如 pH 9），大于所有被分离蛋白质的等电点，pH＞pI 时，蛋白质全部带上负电荷，这样，当蛋白质上样后，由于阴离子交换作用起初会全部吸附到柱顶部。

上样后，柱以一定流速用下降的 pH 梯度（如 pH 9～6）进行洗脱。当柱顶部 pH

下降到等于样品中最大 pI 的蛋白质时，该蛋白质静电荷变成零而失去阴离子交换能力，此时会最先从柱顶解吸下来并随着流动相开始向下移动；当柱顶 pH 随后继续下降到等于另一个 pI 的蛋白质时，该蛋白质也随后开始向下移动，依此类推，不同的蛋白质将按照 pI 从大到小的顺序，随着 pH 梯度的下降，先后开始向下移动，由此在柱中产生了分离作用。不过，在这种层析条件下蛋白质的移动速度要小于流动相移动的速度。因为，当蛋白质一旦向下移动到大于其等电点的 pH 位置时将又会交换吸附到柱上，然后随着该位置 pH 缓慢下降（在聚焦层析中 pH 梯度变化是缓慢的）到等电点时再开始解吸向下移动，下面的 pH 比等电点高又再被吸附，如此吸附—解吸—再吸附—再解吸……以动态有限吸附平衡的方式在柱内缓慢移动，因此移动速度比流动相慢（因为流动相流速是恒定的）。

　　2）蛋白质的层析聚焦效应

　　在以上描述的条件下，当 pI 最大的蛋白质随着洗脱 pH 下降而最先移动到柱的中间部位时，这时如果再在柱顶部加入该同样 pI 的蛋白质，那么该蛋白质会随着流动相一起快速移动（因为柱上部的 pH 已经全部变化到小于该蛋白质的等电点，这时蛋白质带正电荷）而追上已经先经过有限吸附平衡而缓慢移动到柱中部的该同一蛋白质位置，并以"物以类聚"形式聚集在这一紧靠该蛋白质等点 pH 的下方，再统一开始进行有限吸附平衡缓慢向下移动，这就是聚焦层析的聚焦浓缩现象，也是聚焦层析只会使蛋白质聚集到稍大于等电点的 pH 位置，并随着柱中 pH 梯度的变化继续缓慢移动的原因（参见图 10-1）。

　　举一反三，对于柱中其他 pI 蛋白质的聚焦分离也是同样的道理。随着洗脱的进行，各 pI 蛋白质会聚焦在不同的 pH 位置并随 pH 梯度的缓慢向下迁移而迁移，最后分别从层析柱的底部全部流出，这时层析柱的 pH 梯度也就逐步消失了。

　　注：由于聚焦作用，聚焦层析的上样体积可较大。另外，如果某蛋白质已经流出柱底，则后面再加该蛋白质就失去了聚焦作用。

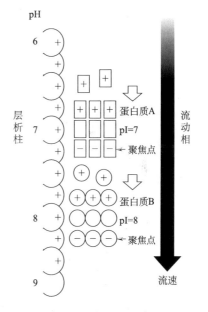

图 10-1　层析聚焦示意图

　　3）形成 pH 梯度的方法

　　聚焦层析的聚集效应可以减少蛋白质扩散并使分离峰变窄，因而增加了分辨率。但是以普通的采用 pH 梯度混合器所进行的阴离子交换层析，由于 pH 梯度线性不好，且缓冲能力很差，难以实现聚焦作用。为了建立线性好且具有足够缓冲能力的 pH 洗脱梯度，在实际应用中聚焦层析还是借用了等电聚焦的方法，即用等电聚焦中能够形成 pH 梯度的两性载体作为流动相洗脱液，这在聚焦层析中称为多缓冲剂洗脱液（poly-buffer）。在该多缓冲剂洗脱液中连续并均匀地包含了所需 pH 梯度范围的多种等电点的合成的小分子两性载体（pI 范围可根据分离需要选定，如 pI 9～6 配合 pH 9～6 梯度使用；pI 7～4 配合 pH 7～4 梯度使用等），在聚焦层析中只需要一种这样的多缓冲剂洗脱液就可以在层析中方便地自动形成相应的洗脱 pH 梯度。其 pH 梯度形成的机制大致如下所述。

如选择了 pH 9～6 范围的聚焦层析，则应配套选用含有同样 pI 9～6 范围的两性载体组成的多缓冲剂作为流动相洗脱液，该洗脱液需要事先用乙酸调整校正到梯度的低限值，即 pH 6（此洗脱液亦称为极限缓冲液或限制性缓冲液）。在该条件下聚焦层析时，先将特定的阴离子交换柱用一个比高限 pH 9 略高的一般缓冲液（称为起始缓冲液，如 pH 9.4 乙醇胺-乙酸缓冲液）平衡到 pH 9.4，然后蛋白质上样，再换用相应的多缓冲剂进行 pH 梯度洗脱。当多缓冲剂洗脱液一开始进入 pH 为 9.4 的柱内时，多缓冲剂中 pI 最小为 6（酸性）的两性载体重新解离后带负电荷最多，优先产生离子交换而吸附到柱顶部；比 pI 6 大一点的两性载体解离后带负电荷少点，只能吸附到 pI 6 的下面，依此类推，随着洗脱液的向下流动，洗脱液中的不同两性载体将按照 pI 从小到大的顺序依次从上到下排列吸附到柱上，而每一个吸附到柱上的两性载体都有很强的缓冲能力，两性载体的位置决定了柱上的 pH 位置，这样就形成了柱上从上到下、pH 从低到高的 pH 梯度。随着 pH 6 的洗脱缓冲液不断补充进柱内，整个 pH 梯度会形成新的离子交

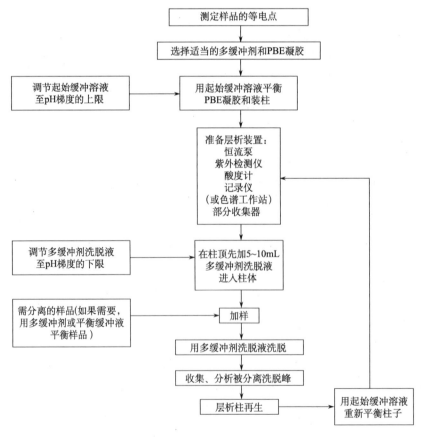

图 10-2　聚焦层析流程图

换平衡而整体不断向下移动，在此过程中，蛋白质伴随着 pH 梯度的变化，进行聚焦层析分离。

　　由两性载体作为流动相洗脱液自动形成的 pH 梯度线性好、缓冲能力强、斜率可调（可用于调整分辨率），另外在 280nm 波长处紫外吸收小（对蛋白质测定干扰小）、相对分子质量小（层析后可用透析、超滤或凝胶层析方法从蛋白质中去除）。关于聚焦层析的更多技术详由理论课讲述。

　　以下是聚焦层析的一般步骤（参见图 10-2）：

　　（1）根据被分离蛋白质 pI 范围选用 polybuffer 和 PBE。

　　（2）装阴离子交换柱（专用于聚焦层析的阴离子交换剂，PBE）。

　　（3）用起始缓冲液平衡柱。

　　（4）加样。

　　（5）用低限 pH polybuffer 洗脱柱。

　　（6）收集分离样品。

　　（7）柱再生后可循环使用。

10.3　实验仪器与器材

10.3.1　实验仪器

　　① 紫外检测仪　　　　　　　　　② 计算机及色谱工作站装置
　　③ 磁力搅拌器　　　　　　　　　④ 恒流泵
　　⑤ 电子天平　　　　　　　　　　⑥ 混合器
　　⑦ 自动部分收集器　　　　　　　⑧ 酸度计

10.3.2　实验器材

　　① 层析柱：$\Phi 1.0\text{cm} \times 15\text{cm}$　　② 烧杯
　　③ 量筒　　　　　　　　　　　　④ 可调取液器
　　⑤ 剪刀　　　　　　　　　　　　⑥ 镊子
　　⑦ 玻璃棒　　　　　　　　　　　⑧ 骨勺
　　⑨ 称量纸　　　　　　　　　　　⑩ 吸水纸
　　⑪ 保鲜膜　　　　　　　　　　　⑫ 标签纸或记号笔

10.4　试剂与配制

10.4.1　实验试剂

　　（1）乙酸。

　　（2）乙酸铵。

　　（3）polybuffer 96。

（4）聚焦层析阴离子交换凝胶 PBE 94。

（5）NaOH。

（6）氯化钠。

（7）盐酸。

（8）蛋白质样品：马血红蛋白 pI 6.92，胰凝乳蛋白酶 pI 8.1。

10.4.2　试剂配制

1）初始平衡缓冲液

0.025mol/L，pH 9.4 乙酸铵-乙酸缓冲液 500mL。

2）polybuffer 洗脱液（极限缓冲液）

取 pH 6.0 polybuffer 96-乙酸原液 10mL，用蒸馏水稀释定容至 100.0mL。
（0.0075mmol/pH 单位/mL polybuffer 96）

3）1mol/L NaCl

4）0.1mol/L HCl

5）样品溶液

用洗脱液溶解的马血红蛋白＋胰凝乳蛋白酶混合液 2mL：称取马血红蛋白 2.0mg，胰凝乳蛋白酶 2.0mg，用 2.0mL 洗脱液溶解（样品需完全溶解，低盐）。

10.5　实验步骤

10.5.1　装柱

取经过再生后的 PBE 94 凝胶约 10mL，置于烧杯中，并加入约 1 倍凝胶体积的起始缓冲液按照常规方法装柱至 8.0cm 高。在装柱过程中要防止柱床流干。柱装好后，应无节痕、气泡、斑纹，并且界面平整。

10.5.2　平衡

调节恒流泵流速为 0.5mL/min 后连接柱，用起始缓冲液以约 5 倍柱床体积平衡柱子，直至柱流出液 pH 与起始缓冲液一致。期间启动已连接并调试完毕的紫外检测仪、色谱工作站、计算机、部分收集器等装置，使整个系统处于工作准备状态（自动部分收集器设定为 6min/管，即 3mL/管，调节紫外检测仪的光吸收 A_{280nm} 零点至色谱工作站的记录基线）。

10.5.3　加样与柱内壁清洗

关闭恒流泵，取出柱顶塞，打开柱底端出口使柱内液面快降至床面时，用吸管吸取

polybuffer 洗脱液 5mL 小心加入柱内，再将其液面降至柱床面，关闭柱底端出口（上样前在柱上加 5mL 洗脱液，以避免样品处于极端过碱环境）。

按照常规柱加样、清洗的方法加实验指定的样品，然后用 polybuffer 洗脱液清洗柱内壁 2～3 次，最后用洗脱液加至 2cm 高。（加样时开始启动部分收集器和色谱工作站记录软件进行记录）

10.5.4　洗脱

将恒流泵改换为 polybuffer 洗脱液，连接柱，打开柱底端出口以调好的 0.5mL/min 流速和方向进行洗脱层析和分部收集。待样液最后一个洗脱峰回到基线时，并且柱底流出液 pH 达到 6 时，继续洗脱 15min，层析分离结束。

10.5.5　层析柱再生

（1）将恒流泵换用 1mol/L NaCl，以 3 倍柱床体积清洗柱子。

（2）将恒流泵换用蒸馏水，以 5 倍柱床体积清洗柱子后备用。

注：如果柱子很脏，可用 0.1mol/L HCl 以 1 倍柱床体积洗涤，则可除去结合牢固的蛋白质，但当使用 HCl 洗完凝胶后，需要尽快换用蒸馏水将 HCl 洗净，并用 1mol/L NaCl 再洗一次。

10.6　数据处理

（1）打印出色谱工作站记录的洗脱曲线，分析分离图谱。

（2）测定每个收集管的 pH，并将 pH 对应到洗脱曲线上，以观察 pH 曲线和蛋白质出峰的 pH 位置。

（3）利用实验 14，进行 12% SDS-聚丙烯酰胺凝胶电泳，检测本次聚焦层析的分离纯化结果，并给出结论性实验报告。

10.7　思考题

（1）聚焦层析的特点是什么？

（2）在聚焦层析中，等电点最低的蛋白质是最先出峰还是最后出峰？为什么？

（3）为什么加样体积的大小对聚焦层析的分辨率影响不大？

（4）如何去除分离蛋白质中的两性载体？

附注：多缓冲液 polybuffer 和阴离子交换树脂 PBE 的选择

多缓冲液和阴离子交换树脂 PBE 每次最大操作范围是 3 个 pH 单位。若是未知样品，应先测定样品的 pI 值，若样品的 pI 是已知的，只要按照表 10-1 选择对应的起始缓冲液、polybuffer 和 PBE 即可，最好洗脱位置在 pH 梯度的 1/3～2/3 以后。

　　PBE 量的选择取决于样品的量、样品性质和杂质含量等，一般 20～30mL 柱床体积可分离 1～200mg 蛋白质/pH 单位。

　　PBE 94、PBE 118 为常用的阴离子交换剂。在 pH 9～4 的范围内聚焦层析使用 PBE 94，可与洗脱剂 polybuffer 96 或 polybuffer 74 配合使用。pH 11～8 的聚焦层析时，用 PBE 118，可与两性载体 pharmalyte pH 8～11.5（用于等电聚焦的两性电解质载体）配合使用。

表 10-1　不同 pH 范围聚焦层析所用的 PBE 凝胶和缓冲剂表

pH 范围及 PBE 凝胶介质	起始缓冲液	洗脱液	稀释倍数	所需洗脱液体积* （以柱床体积为单位）		
				梯度前死体积	梯度体积	总体积
10.5～9，PBE 118	—	—	—	—	—	—
10.5～8，PBE 118	pH=11.0，0.025mol/L 三乙胺-盐酸	pH=8.0 pharmalyte pH=8～10.5-盐酸	1：45	1.5	11.5	13.0
10.5～7，PBE 118	pH=11.0，0.025mol/L 三乙胺-盐酸	pH=7.0 pharmalyte pH=8～10.5-盐酸	1：45	2.0	11.5	13.5
9～8，PBE 94	pH=9.4，0.025mol/L 乙醇胺-盐酸	pH=8.0 pharmalyte pH=8～10.5-盐酸	1：45	1.5	10.5	12.0
9～7，PBE 94	pH=9.4，0.025mol/L 乙醇胺-盐酸	pH=7.0 polybuffer 96-盐酸	1：10	2.0	12.0	14.0
9～6，PBE 94	pH=9.4，0.025mol/L 乙醇胺-乙酸	pH=6.0 polybuffer 96-乙酸	1：10	1.5	10.5	12.0
8～7，PBE 94	pH=8.3，0.025mol/L Tris-盐酸	pH=7.0 polybuffer 96-盐酸	1：13	1.5	9.0	10.5
8～6，PBE 94	pH=8.3，0.025mol/L Tris-乙酸	pH=6.0 polybuffer 96-乙酸	1：13	3.0	9.0	12.0
8～5，PBE 94	pH=8.3，0.025mol/L Tris-乙酸	pH=5.0 polybuffer 96（30%）+ polybuffer 74（70%）-乙酸	1：10	2.0	8.5	10.5
7～6，PBE 94	pH=7.4，0.025mol/L 咪唑-乙酸	pH=6.0 polybuffer 96-乙酸	1：13	3.0	7.0	10.0
7～5，PBE 94	pH=7.4，0.025mol/L 咪唑-盐酸	pH=5.0 polybuffer 74-盐酸	1：8	2.5	11.5	14.0
7～4，PBE 94	pH=7.4，0.025mol/L 咪唑-盐酸	pH=4.0 polybuffer 74-盐酸	1：8	2.5	11.5	14.0

续表

pH 范围及 PBE 凝胶介质	起始缓冲液	洗脱液	稀释 倍数	所需洗脱液体积* （以柱床体积为单位）		
				梯度前死体积	梯度体积	总体积
6～5，PBE 94	pH=6.2，0.025mol/L 组氨酸-盐酸	pH=5.0 polybuffer 74-盐酸	1：10	2.0	8.0	10.0
6～4，PBE 94	pH=6.2，0.025mol/L 组氨酸-盐酸	pH=4.0 polybuffer 74-盐酸	1：8	2.0	7.0	9.0
5～4，PBE 94	pH=5.5，0.025mol/L 哌嗪-盐酸	pH=4.0 polybuffer 74-盐酸	1：10	3.0	9.0	12.0

 * 如柱床体积为 20mL，洗脱液总体积为 13 倍柱床体积，则约需洗脱液为 260mL；梯度前死体积为 pH 梯度洗脱开始并在 pH 下降前的一段通过柱的缓冲液体积，为 1.5～2.5 倍柱床体积，该死体积计入总体积。稀释倍数为洗脱液原液使用时所需稀释的倍数。

实验 11 吸附层析
(羟基磷灰石柱层析分离纯化 DNA)

11.1 实验目的与要求

（1）了解吸附层析的原理和特点。

（2）通过自装的羟基磷灰石柱采用阶段（分步）洗脱的方式分离核酸或蛋白质样品，掌握吸附层析的实验方法和应用。

11.2 实验原理

广义的吸附层析（adsorption chromatography），通常是指具有吸附作用的层析，如离子交换吸附、亲和吸附等。而一般的吸附层析通常是使用一些普通吸附剂作为固定相的柱层析方法。吸附层析的吸附机制较为复杂，一般为静电吸引和分子间相互作用的范德瓦耳斯力所引起的。

常用的普通吸附剂有极性和非极性两种。羟基磷灰石、硅胶、氧化铝、人造沸石（分子筛）属于前者，活性炭属于后者。在生物分子的分离纯化中一般的吸附层析常用于对初级阶段样品的分离提取（如用吸附剂从大量尿液中吸附尿激酶、HCG 等以制备粗品），但是羟基磷灰石却有其独特的应用。

羟基磷灰石（hydroxyapatite，HA 或 HAP）柱层析是利用羟基磷灰石的片状晶体颗粒为固定相来分离纯化蛋白质的一种液相层析技术。

羟基磷灰石 $Ca_5(PO_4)_3OH$ 和氟代磷灰石 $Ca_{10}(PO_4)_6F_2$ 是一种磷酸钙晶体。HA 晶体表面结构特别，吸附机制特殊，具有独特的选择性和分辨率，可应用于生物活性物质的粗纯化至最后精制纯化的任何阶段。

一般认为 HA 的吸附主要基于钙离子和磷酸根离子的静电引力，即在 HA 晶体表面存在两种不同的吸附晶面，各存在吸附点 C（Ca^{2+}）点和 P（PO_4^{3-}）点，前者起阴离子交换作用（为重要作用），后者起阳离子交换作用（为次要作用）。因此，在中性（如 pH 6.8）环境下，酸性蛋白质（pH<7）主要吸附于 C 点，碱性蛋白质（pH>7）主要吸附于 P 点。利用磷酸盐缓冲液（如 $Na_2HPO_4 + NaH_2PO_4$）为流动相洗脱时，PO_4^{3-} 在 C 点竞争性吸附，交换出酸性蛋白质；而 Na^+ 在 P 点竞争性吸附，交换出碱性蛋白质。所以 HA 层析通常以磷酸盐（钠盐或钾盐）缓冲液为流动相，采用阶段或梯度提高磷酸盐浓度的方式进行洗脱。如对于核酸的分离，双链核酸分子比较僵硬，其磷酸基有效地分布在表面，而变性的或单链的核酸分子较柔软且呈无规结构，因此，双链 DNA 的吸附力比单链强；双链 DNA 的吸附力比双链 RNA 强，在用不同浓度磷酸盐洗脱时，可将双链 DNA 与单链 DNA、DNA 与 RNA 分开。

　　早期普通的 HA 多为 Tiselius 型片状晶体，HA 的柱效较低，流速慢。近代新型的球形 HA 吸附剂产品，提高了柱效，如 HA 凝胶、球形多孔结构的陶瓷 HA 和陶瓷氟代磷灰石，可以分离纯化不同种类的单克隆抗体和多克隆抗体、轻链组成不同的抗体、抗体片段、超螺旋和线状 DNA、双链 DNA 与单链 DNA、病毒纯化、异构酶，以及其他层析和电泳技术难以分离的蛋白质和核酸。

　　普通 HA 的价格便宜，远低于离子交换剂，适用于大规模分离纯化过程，如应用于大规模单克隆抗体的生产性纯化制备等。

　　对于普通的羟基磷灰石也可以在实验室自制，可参考本实验后的附注。

11.3　实验仪器与器材

11.3.1　实验仪器

　　① 紫外检测仪　　　　　　　② 计算机及色谱工作站装置
　　③ 磁力搅拌器　　　　　　　④ 恒流泵
　　⑤ 天平　　　　　　　　　　⑥ 旋涡混合器

11.3.2　实验器材

　　① 层析柱：$\Phi 1.0\text{cm} \times 10\text{cm}$　② 烧杯
　　③ 量筒　　　　　　　　　　④ 可调取液器
　　⑤ 剪刀　　　　　　　　　　⑥ 镊子
　　⑦ 玻璃棒　　　　　　　　　⑧ 骨勺
　　⑨ 称量纸　　　　　　　　　⑩ 吸水纸
　　⑪ 保鲜膜　　　　　　　　　⑫ 标签纸或记号笔

11.4　试剂与配制

11.4.1　实验试剂

　　(1) 羟基磷灰石（商品或自制）。
　　(2) 磷酸二氢钠。
　　(3) 磷酸氢二钠。
　　(4) 氯化钠。
　　(5) DNA 粗制品（或蛋白质样品）。

11.4.2　试剂配制

　　1) 0.3mol/L，pH 6.8 磷酸钠缓冲液的配制

　　0.3mol/L Na_2HPO_4：称取 $Na_2HPO_4 \cdot 10H_2O$ 10.04g，用蒸馏水定容至 100mL。
0.3mol/L NaH_2PO_4：称取 $NaH_2PO_4 \cdot 2H_2O$ 4.68g，用蒸馏水定容至 100mL。0.3mol/L

Na_2HPO_4 与 0.3mol/L NaH_2PO_4 按 24.5：25.5（体积比）混合，调 pH 6.8。

2）Buffer A 初始平衡缓冲液的配制

0.1mol/L，pH 6.8 磷酸钠缓冲液：取 0.3mol/L，pH 6.8 磷酸钠缓冲液 50mL，加蒸馏水至 150mL。

3）Buffer B 洗脱缓冲液

0.2mol/L，pH 6.8 磷酸钠缓冲液：取 0.3mol/L，pH 6.8 磷酸钠缓冲液 50mL，加蒸馏水至 75mL。

4）Buffer C 洗脱缓冲液

0.3mol/L，pH 6.8 磷酸钠缓冲液。

5）1.0mol/L NaCl 溶液 50mL

6）样品溶液

2mg/mL DNA 粗制品（溶于 Buffer A）溶液 2mL。

11.5　实验步骤

11.5.1　羟基磷灰石处理

羟基磷灰石为干粉时，要先在蒸馏水中浸泡过夜，使其完全充分溶胀，再加入胶的 6 倍体积蒸馏水悬浮液，以倾泻去除细小颗粒，需反复 2～3 次，最后置于 Buffer A 中。

注：HA 悬浮液需用旋涡混合器混合，用磁棒搅拌会破坏 HA 的晶体结构。

11.5.2　装柱

取置于 Buffer A 中的羟基磷灰石，用玻璃棒轻轻搅匀，按照常规方法装柱至 6cm。

11.5.3　平衡

将恒流泵用 Buffer A 初始平衡缓冲液以 5 倍柱床体积平衡柱子，流速 0.5mL/min。期间，启动已连接并调试完毕的紫外检测仪、色谱工作站、计算机、部分收集器等装置，使整个系统处于工作准备状态（自动部分收集器设定为 4mL/管，调节紫外检测仪的光吸收 A_{260nm} 零点至色谱工作站的记录基线）。

11.5.4　加样与柱内壁清洗

按照常规柱加样、清洗的方法加实验指定的样品 1mL，加样时开始启动部分收集器和色谱工作站记录软件进行记录。

11.5.5　洗涤

将恒流泵继续用 Buffer A 缓冲液洗涤穿过峰至基线，需 2～4 倍柱床体积。

11.5.6 阶段洗脱 1

将恒流泵换用 Buffer B 缓冲液进行阶段洗脱，需 2～4 倍柱床体积，待洗脱峰回到基线时，继续洗脱 10min。

11.5.7 阶段洗脱 2

将恒流泵换用 Buffer C 缓冲液进行阶段洗脱，需 2～4 倍柱床体积，待洗脱峰回到基线时，继续洗脱 10min，层析分离、收集结束。

11.5.8 层析柱再生

(1) 将恒流泵换用 1.0mol/L NaCl 溶液，以 4 倍柱床体积清洗柱子。
(2) 将恒流泵换用蒸馏水，以 10 倍柱床体积清洗柱子。

11.6 数据处理

(1) 打印出色谱工作站记录的洗脱曲线，分析分离图谱。
(2) 用琼脂糖潜水电泳检测分离的样品。
(3) 测定纯化的 DNA T_m（熔点温度）值及 GC 对摩尔百分数：

$$GC（\%）=2.44×(T_m-69.3)$$

11.7 思考题

(1) 羟基磷灰石吸附层析有什么特点？有哪些应用？
(2) 在 HA 柱层析中单链 DNA 和双链 DNA 哪个先被洗脱？为什么？
(3) 为什么要特别注意 HA 不能剧烈搅拌？
(4) 本次柱层析选用的测定波长是多少？为什么？
注：对于使用本实验 HA 柱分离纯化蛋白质可参考以下柱条件：
装柱：8cm，流速：0.5mL/min。
平衡缓冲液 Buffer A：0.001mol/L，pH 6.8 磷酸缓冲液。
洗脱缓冲液 Buffer B：0.3mol/L，pH 6.8 磷酸缓冲液。
采用 Buffer A 与 Buffer B 组成线性梯度进行洗脱。

附注（供参考）：

羟基磷灰石的制备一

1) $CaHPO_4 \cdot 2H_2O$ 的制备

将 500mL 0.5mol/L $CaCl_2$（$CaCl_2 \cdot 2H_2O$，73.5g/L）和 500mL 0.5mol/L Na_2HPO_4

（$Na_2HPO_4 \cdot 12H_2O$，179.1g/L）分别置于 500mL 分液漏斗内，漏斗下接乳胶管及尖口玻璃管，胶管上置一螺丝夹。调节螺丝夹使两种溶液以 8~10mL/min 的同一流速，沿壁滴入 2000mL 烧杯中，同时用玻璃棒缓慢搅拌（不可用电磁搅拌器），搅拌速度控制在所生成的结晶物不沉淀即可。溶液滴完后，静置 5~10min，倾去上层清液和漂浮的细小结晶。在沉淀中加同样温度的蒸馏水 800mL，缓慢搅拌，放置片刻后，倾去上层清液和漂浮物，如此重复四次。

2）$CaHPO_4 \cdot 2H_2O$ 转化为羟基磷灰石 $Ca_5(PO_4)_3OH$

在沉淀物中加同样温度的蒸馏水 800mL，一边温和搅拌，一边滴加 25mL 新鲜配制的 40% NaOH，温和加热至沸腾（要求在 45min 内达到沸腾），并在温和搅拌下继续煮沸 1h。停止加热后，静置 5min，倾去上层清液和漂浮物，加同样温度的蒸馏水 800mL，静置 5min 后，倾去上层清液和漂浮物，并重复四次。加 1000mL 0.01mol/L，pH 6.8 磷酸钠缓冲液，温和搅拌下加热，刚一沸腾，立即停止加热，静置 5min 后，倾去上层清液和漂浮物，用同温度 0.01mol/L，pH 6.8 磷酸钠缓冲液洗涤沉淀两次，再加同温度 1000mL 0.01mol/L，pH 6.8 磷酸钠缓冲液，温和搅拌下加热至沸腾，并沸腾 15min，倾去上清液及漂浮物，重复一次。沉淀物室温冷却，备用（4℃冰箱内可保存一年）。

要制得符合要求的羟基磷灰石，在操作上必须注意下列两点：

（1）制备 $CaHPO_4 \cdot 2H_2O$ 时，0.5mol/L $CaCl_2$ 和 Na_2HPO_4 以规定的同样速度均匀地滴加，同时要缓慢搅拌生成的沉淀物。

（2）用蒸馏水及磷酸钠缓冲液洗涤沉淀时，所加液体温度必须与沉淀物的温度一致，搅拌速度要缓慢，以免因温差太大，搅拌剧烈而使结晶破碎。

羟基磷灰石的制备二

将 200mL 0.5mol/L $CaCl_2$ 和 200mL 0.5mol/L Na_2HPO_4 溶液分别通过两个蠕动泵，以 2.5mL/min 的同一流速，同步沿壁泵入到一个事先装有与选择温度同温的 100mL 0.5mol/L NaCl 溶液的 1000mL 大烧杯内，在选择温度下以尽可能慢的速度搅拌，恰好不使沉淀停于烧杯底部，加完后冷却至室温。然后重复用双蒸馏水洗五次或更多次以去除漂浮物。接着将磷酸钙沉淀悬浮于新鲜配制的 0.25mol/L NaOH 溶液中，温和加热至沸腾，煮沸 1h，并轻轻搅动。生成的 HA 用大量的 70℃ 热水洗。再用 0.01mol/L，pH 6.8 磷酸钠缓冲液煮沸，洗涤。最后悬浮于 0.01mol/L，pH 6.8 磷酸钠缓冲液中，并冷却至室温，备用。

在上述制备过程中，提到的选择温度，即 $CaCl_2$ 与 Na_2HPO_4 反应生成磷酸钙的反应温度，一般为 45℃ 和 95℃ 的反应温度最适宜。$CaCl_2$ 与 Na_2HPO_4 掺和反应生成磷酸钙时的温度与最终产品 HA 的流速和性质有关，可根据需要选择。该方法是对产物 HA 流速低的 Tiselius 法的改进，供参考。

实验 12　单向火箭免疫电泳

12. 1　实验目的与要求

(1) 采用人白蛋白抗体，通过单向火箭免疫电泳来定量测定人血清中的白蛋白含量。

(2) 通过实验要求了解和掌握单向火箭免疫电泳的实验技术和蛋白质专业性定量测定方法。

12. 2　实验原理

单向火箭免疫电泳（1D rocket immunoelectrophoresis）是一种将免疫扩散和单向电泳结合起来的免疫化学技术，属于琼脂糖凝胶免疫电泳（agar gel immunoelectrophoresis），可用于定量测定多种抗原。

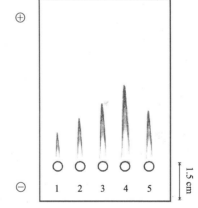

检测时，将含有某种单效特异性抗体的琼脂凝胶浇制成凝胶板，待冷却后，在一端打一排加样孔（见图12-1）。各小孔中分别加入不同稀释度的标准抗原及待测样品。通电后使抗原在电场的作用下向前移动，当抗原通过含有相应抗体的琼脂糖凝胶时，在两者混合比例合适的部位将形成抗原抗体复合物的沉淀线。在 pH 8.6 的电泳条件下，由于抗体的迁移率基本上可以视作不动，而抗原随着电泳向前移动，这样可使抗原与抗体在动态平衡后形成的沉淀峰呈圆锥形，状如火箭，因而得名。沉淀峰的面积或高低与抗原的浓度成

图 12-1　人白蛋白火箭免疫电泳效果图

正比，与抗体浓度成反比，因此可以定量抗原。此法利用抗原与抗体的特异性沉淀反应，可对混合样品中的某一蛋白质，单独直接定量，具有操作简便、快速、重复性好、专业性强的特点。

12. 3　实验仪器与器材

12.3.1　实验仪器

① 卧式电泳槽　　　　　　　② 磁力搅拌器
③ 恒温水浴　　　　　　　　④ 电泳仪
⑤ 电炉　　　　　　　　　　⑥ 电吹风

⑦ 万用表　　　　　　　　⑧ 混合器

⑨ 电子天平

12.3.2 实验器材

① 水平台　　　　　　　　② 水平尺
③ 打孔器　　　　　　　　④ 培养皿
⑤ 温度计　　　　　　　　⑥ 微量注射器
⑦ 可调取液器　　　　　　⑧ 三角烧瓶
⑨ 玻璃平板：5.5cm×9.0cm　　⑩ 洗耳球
⑪ 吸管　　　　　　　　　⑫ 吸管架
⑬ 量筒　　　　　　　　　⑭ 烧杯
⑮ 滴管　　　　　　　　　⑯ 玻璃棒
⑰ 剪刀　　　　　　　　　⑱ 镊子
⑲ 骨勺　　　　　　　　　⑳ 称量纸
㉑ 吸水纸　　　　　　　　㉒ 记号笔

12.4　试剂与配制

12.4.1 实验试剂

（1）人白蛋白抗体（效价＝1∶80；1.0mL/瓶）。

（2）人白蛋白标准品（1.2mg/mL）。

（3）巴比妥钠。

（4）盐酸。

（5）琼脂。

（6）鞣酸。

（7）氯化钠。

12.4.2 试剂配制

1）0.05mol/L，pH8.6巴比妥钠-盐酸缓冲液

用于电极溶液时稀释1倍。

2）0.9％生理盐水溶液的配制

称取氯化钠0.9g于一烧杯中，加100mL蒸馏水，溶解混匀即可。

3）1％的琼脂溶液的配制（制胶时现配）

称取琼脂1.0g于三角瓶中，先加50.0mL蒸馏水，置沸水浴中加热溶解，再加50.0mL 0.05mol/L，pH 8.6巴比妥钠-盐酸缓冲液，混匀即可。

4）人白蛋白抗体溶液的配制

每瓶人白蛋白抗体溶液（1.0mL），加 2.0mL 生理盐水溶液稀释，混匀即可。

5）四种不同浓度人白蛋白标准品溶液的配制

将人白蛋白标准品溶液用生理盐水稀释成如下四种浓度：
（1）1/4 稀释度：实际浓度 0.3mg/mL。
（2）2/4 稀释度：实际浓度 0.6mg/mL。
（3）3/4 稀释度：实际浓度 0.9mg/mL。
（4）4/4 稀释度：实际浓度 1.2mg/mL。

6）人白蛋白测试样品溶液的配制

将人白蛋白测试样品用生理盐水配成合适的浓度即可（实际浓度需小于 1.2mg/mL）。

7）1％鞣酸生理盐水溶液的配制

称取 1.0g 鞣酸，加 100mL 生理盐水溶液，混匀即可。

12.5　实验步骤

12.5.1　凝胶板的制备

（1）预先将恒温水浴加热至 55～60℃。
（2）将 10mL 量筒和 25mL 小烧杯放入恒温水浴中预热，同时将现配已加热溶解的 1％琼脂溶液放在该水浴中保温。
（3）用水平尺将水平台调好水平，同时将干净的玻璃平板放在水平台上。
（4）待所有准备工作全完毕后，用预热小量筒量取被保温的琼脂溶液 8.0mL 于保温的小烧杯中，再用取液器吸取已稀释好的抗体溶液 0.2mL 于小烧杯中，用玻璃棒轻轻迅速搅匀（避免产生气泡）。
（5）将已混匀的琼脂-抗体混合溶液取出并迅速倒在已放在水平台上的整个玻璃平板上，倒时要避免产生气泡和溶液流出玻璃平板，待完全冷却后即可制得厚约 1.5mm 的凝胶板。

12.5.2　凝胶板打孔与加样

（1）按图 12-1 的要求，用打孔器在凝胶板的一端约 1.5cm 处平行均匀地打 5 个孔。
（2）用微量注射器分别取 5.0μL 已稀释的不同浓度的人白蛋白标准品抗原溶液，依次注入各孔中，在第 5 孔内，注入 5.0μL 待测样品溶液。

12.5.3　电泳

（1）将电泳槽的正负电极槽内分别倒入 0.025mol/L，pH 8.6 的巴比妥钠-盐酸缓冲液。

（2）将已加样的凝胶玻璃板平放在电泳槽的支架上，加样孔端对着电泳槽的负极端。

（3）每端分别用与凝胶玻璃板同样宽的三层滤纸为桥，连接凝胶与电泳槽内缓冲液，盖上电泳槽盖子。

（4）接通电泳仪电源，用稳压 180V（电场强度为 10～20V/cm），电泳 3～4h。

（5）电泳完毕后，关掉电泳仪电源，取出凝胶玻璃板，放入 1% 鞣酸生理盐水溶液中浸泡 10min 左右，即可见明显的白色火箭沉淀峰，此时取出凝胶玻璃板，先用吸水纸轻轻吸去凝胶玻璃板表面的水，然后进行定量分析。

（6）及时用自来水清洗电泳槽及所有用过的器具。

12.5.4　压片、染色和脱色的方法

1）压片

凝胶电泳后，取出凝胶玻璃板置于桌面上，在胶面上先放一张滤纸，纸与胶面接触不得留有气泡，再在滤纸上放三层吸水纸，稍加一重物轻压。吸水 5min 后，换一次吸水纸，再吸水 5min 后，轻轻取掉吸水纸和滤纸，这时凝胶成了一片薄层，用电吹风热风将凝胶吹干（这样可便于保存并且去除了非沉淀蛋白质，便于染色处理）。

2）染色和脱色（用于需要增加显色灵敏度）

将干燥后的胶片用染色液（同于聚丙烯酰胺凝胶电泳实验中的染色液和脱色液）染色 10min，取出胶片用水轻轻冲洗后放入脱色液中脱色，至少脱色 3 次，每次 10min。如果干燥保存，再重复压片处理即可。

12.6　数据处理

（1）分别准确量取各加样孔中心至火箭峰尖的垂直高度（或各火箭峰面积）。

（2）以量取的高度（或各火箭峰面积）为纵坐标，以对应标准品的浓度为横坐标，制作高度（或各火箭峰面积）与标准抗原浓度 C 的标准曲线。

（3）以被测试样品的高度（或火箭峰面积）在标准曲线上查出相应含量，再根据相应稀释倍数求出实际浓度。

$$火箭峰面积 A(或高度 H) = K \times 抗原的浓度/抗体的浓度$$

12.7　思考题

（1）在 pH 8.6 的电泳条件下，为什么抗体的迁移率基本上可以视作不动，而抗原随着电泳向正极移动？

（2）为何本实验可对混合样品中的某一蛋白质单独直接定量？

（3）当整个火箭峰偏高需要整体降低而调整琼脂糖凝胶中抗体的量时，是需要提高还是降低琼脂糖凝胶中相应抗体的量？

（4）琼脂糖凝胶铺板厚度不均匀、加样孔样液渗漏、电流过大、滤纸桥与凝胶连接不合适分别会对电泳结果产生何种影响？

实验 13 聚丙烯酰胺凝胶垂直平板电泳

13.1 实验目的与要求

（1）学习与了解聚丙烯酰胺凝胶电泳（PAGE）的原理和技术。

（2）采用垂直平板 PAGE 分离蛋白质，熟悉和掌握使用该方法测定蛋白质的具体实验操作和应用。

13.2 实验原理

聚丙烯酰胺凝胶电泳（polyacrylamide gels electrophoresis，PAGE）是利用样品的电荷差异以及分子的大小和形状的差异而进行分离的一种非变性天然聚丙烯酰胺凝胶电泳（native PAGE，变性系统见书中的 SDS-PAGE）。

聚丙烯酰胺凝胶电泳是以单体丙烯酰胺与交联剂甲叉双丙烯酰胺，在催化剂的作用下聚合而成的具有三维空间网状结构的凝胶作为支持介质的一种区带电泳。合成的聚丙烯酰胺凝胶是一种化学惰性、完全没有电渗的优良电泳支持介质。在这种电泳中由于另外设计了凝胶孔径、pH、缓冲液成分和电位梯度的不连续系统，因此 PAGE 具有高分辨率的三大效应，即浓缩效应、分子筛效应和电荷效应。

当被分析的样品在这种不连续凝胶系统中进行电泳时，样品中的各成分首先经过上层大孔堆集胶的浓缩效应进行浓缩，然后再进入小孔分离胶，根据它们各自所带的电荷差异和分子的大小以及形状的差异（即电荷效应和分子筛效应），以不同的电泳速度进行分离。

PAGE 的特点是分辨率和灵敏度高，电泳后一般不损害样品的结构与活性，常应用于蛋白质样品的组成及纯度分析以及少量高纯度样品的制备（如微量测序用等）。在 DNA 序列分析中也采用了聚丙烯酰胺凝胶电泳，其分辨率可以分离达到相差 1bp 的 DNA 片段。一般 PAGE 具有碱性系统、酸性系统和不同凝胶浓度等条件的电泳，关于 PAGE 的不连续系统等原理，详由理论课讲述。

聚丙烯酰胺凝胶电泳在实验中具有垂直或水平平板（slab）和圆盘（disc）两种电泳样式，其电泳的原理完全一样，可根据教学和应用需要而选择（关于圆盘电泳的方法见本实验后续）。

本实验采用垂直平板的形式，以碱性不连续系统的聚丙烯酰胺凝胶进行电泳。垂直平板电泳的优点在于在一块凝胶平板上可以同时进行多个不同样品的电泳，因此条件一致，更加便于比较分析，并方便开展延伸的 Western Blotting 等专业和非专业染色分析。

13.3　实验仪器与器材

13.3.1　实验仪器

① 垂直平板电泳槽装置（见图 13-1）　　　② 电泳仪
③ 电泳图像分析系统　　　　　　　　　　④ 电泳脱色仪
⑤ 磁力搅拌器　　　　　　　　　　　　　⑥ 混合器
⑦ 电炉　　　　　　　　　　　　　　　　⑧ 电子天平

13.3.2　实验器材

① 可调取液器　　　　　　　　　　　　　② 微量注射器
③ 普通注射器　　　　　　　　　　　　　④ 烧杯
⑤ 量筒　　　　　　　　　　　　　　　　⑥ 吸管
⑦ 吸管架　　　　　　　　　　　　　　　⑧ 玻璃棒
⑨ 培养皿　　　　　　　　　　　　　　　⑩ 骨勺
⑪ 称量纸　　　　　　　　　　　　　　　⑫ 吸水纸
⑬ 保鲜膜　　　　　　　　　　　　　　　⑭ 标签纸
⑮ 记号笔

13.4　试剂与配制

13.4.1　实验试剂

（1）丙烯酰胺（Acr）。

（2）亚甲基双丙烯酰胺（Bis）。

（3）四甲基乙二胺（TEMED）。

（4）过硫酸铵（AP）。

（5）三羟甲基氨基甲烷（Tris）。

（6）甘氨酸（Gly）。

（7）盐酸。

（8）溴酚蓝。

（9）蔗糖。

（10）琼脂糖。

（11）考马斯亮蓝 G250。

（12）冰醋酸。

（13）甲醇。

（14）人白蛋白测试品（或人血清及其他测试品）。

13.4.2　试剂配制

1）1.0mol/L HCl 溶液的配制

吸取浓盐酸 10.0mL，加蒸馏水 110.0mL 稀释，混匀即可。

2）电极缓冲液的配制

分别称取三羟甲基氨基甲烷（Tris）0.6g，甘氨酸（Gly）2.88g 于烧杯中，加蒸馏水约 80mL 溶解，然后用 1.0mol/L HCl 溶液调至 pH 8.3，最后补加蒸馏水定容至 100.0mL，混匀即可，使用时稀释 5 倍或 10 倍。

3）2％琼脂糖溶液的配制

称取琼脂糖 2.0g，加蒸馏水 100mL，用时加热（沸腾）至溶化即可。

4）溴酚蓝溶液的配制

用蒸馏水配成 0.002％浓度即可。

5）测试样品溶解液（20％蔗糖）的配制

称取蔗糖 2.0g，加蒸馏水 10.0mL 溶解即可。

6）人白蛋白测试品溶液（8.0μg/μL）的配制

称取人白蛋白 1.0mg，加 20％蔗糖溶液 125μL，同时加适量溴酚蓝指示剂溶液，混匀即可。

其他测定样品由实验安排确定。

注：样品的含盐量要尽可能低。

7）染色溶液的配制

考马斯亮蓝 G250 溶解液的配制：先配制冰醋酸：甲醇：蒸馏水（体积比 9.0：45.5：45.5)100mL，称取考马斯亮蓝 G250 250mg，加入上述溶液中，溶解即可。

8）脱色溶液的配制

冰醋酸：甲醇：蒸馏水＝7.5：5.0：87.5（体积比），配制 200mL。

13.5　实验步骤

13.5.1　凝胶的聚合（化学聚合法）

1）分离胶（T＝7.5％）贮液的配制[*]

A. 称取 Tris 3.7g，加 1.0mol/L HCl 4.8mL，TEMED 0.03mL，最后加蒸馏水定

---

[*]　T 表示凝胶浓度。

容至 10.0mL，溶解混匀即可（pH 8.9）。

B. 分别称取 Acr 3.0g，Bis 0.08g，加蒸馏水定容至 10.0mL，溶解混匀即可。

注：Acr 及 Bis 单体是神经性毒剂，应防止与皮肤和呼吸系统接触。

C. 称取过硫酸铵（AP）0.028g，加蒸馏水至 10.0mL，溶解混匀即可。

D. 蒸馏水。

2）浓缩胶（$T=2.5\%$）贮液的配制

E. 称取 Tris 0.958g，加 1.0mol/L HCl 4.8mL，TEMED 0.046mL，最后加蒸馏水定容至 10.0mL，溶解混匀即可（pH 6.9）。

F. 分别称取 Acr 1.0g，Bis 0.25g，加蒸馏水定容至 10.0mL，溶解混匀即可。

G. 称取蔗糖 4.0g，加蒸馏水定容至 10.0mL，溶解混匀即可。

H. 称取过硫酸铵（AP）0.028g，加蒸馏水至 10.0mL，溶解混匀即可。

分离胶与浓缩胶使用时按照表 13-1 的混合比例进行配制。

表 13-1　PAGE 分离胶与浓缩胶混合比例及配制表

7.5%分离胶	用量 8mL	混合比例（体积比）
A.（pH 8.9 Tris-HCl）	1.0mL	12.5%
B.（Acr＋Bis 溶液）	2.0mL	25%
C.（AP 溶液）	4.0mL	50%
D.（蒸馏水）	1.0mL	12.5%
2.5%浓缩胶	用量 4mL	混合比例（体积比）
E.（pH 6.9 Tris-HCl）	0.5mL	12.5%
F.（Acr＋Bis 溶液）	1.0mL	25%
G.（40%蔗糖溶液）	0.5mL	12.5%
H.（AP 溶液）	2.0mL	50%

注：此方案为小型电泳槽用，其他用量可按照混合比例调整。

可通过适当调整过硫酸铵（AP）的用量来调整凝胶的聚合时间在 30～60min。

分离胶与浓缩胶如需脱气处理，可将混合好的凝胶先置于合适的抽气梨形瓶中，真空抽气 10min 左右。

13.5.2　垂直平板电泳槽的装配

垂直平板电泳槽参见图 13-1，关于其他类型垂直平板电泳槽见相关说明书进行装配。

（1）将洁净的垂直平板电泳槽水平放置，在槽内凹型平面上（或在此平面上另加的凹型玻璃板平面上）两侧边各垫加一块配套的 1mm 厚隔条（隔条厚度决定凝胶夹槽的厚度），再在两块边条上对应整齐加上玻璃平板以形成凝胶夹槽，对合到位后，在槽的两竖侧边分别用两只夹子将玻璃板与电泳槽夹紧，以使两边密封（此后需小心拿取电泳槽）。

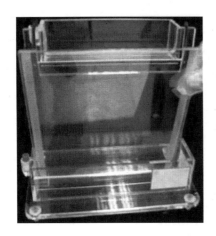

图 13-1　垂直平板电泳槽装置图

（2）将电泳槽竖立，用滴管吸取适量经电炉（或微波炉）加热至近沸腾溶化的 2% 琼脂糖溶液，趁热灌注于玻璃平板的底槽，待琼脂糖冷却凝固后，底层即封闭（需避免气泡）。

（3）在玻璃平板夹槽内用注射器（或滴管）加满蒸馏水，并观察两侧和底部是否有渗漏现象，如有渗漏则需要重新安装玻璃平板槽。确保无渗漏后，轻轻倒去夹槽内蒸馏水，并用吸水纸吸去夹槽内残留的蒸馏水。

13.5.3　分离胶的制备

（1）用带有长针头的注射器吸取已经按照分离胶比例混合好的分离胶混合液，慢慢注入垂直放好的平板夹槽内，直至胶液高度为 7cm。

（2）用另一带细针头注射器吸取适量蒸馏水，缓慢在胶面上仔细加注厚 0.5～1.0cm 的蒸馏水层（即封水），在室温下静置 40～60min 进行聚合，这时可根据界面现象进行辨别。开始时，槽内胶层与水层界面渐至扩散消退，待固体凝胶形成后，又将重新可辨。当有明显的水平分层界面现象出现时，表明凝胶已聚合完毕。

（3）聚合后将上层的封水轻轻倒掉，并用吸水纸吸去槽内胶层上残留的蒸馏水（不要触及胶面）。

13.5.4　浓缩（堆集）胶的制备

（1）将已经按照浓缩胶比例混合好的浓缩胶混合液用带有针头的注射器吸取加注到分离胶胶面上，直至高度约为 2cm。

（2）将加样梳板的梳齿插入平板顶部夹槽内，并保证梳齿的 2/3 部分浸没在浓缩胶液内（如高度不够，可适量添加贮液），室温下静置 40～60min。（如果浓缩胶面不用加样梳板，则可加水层封水以使界面平整，此方法为只加一种样品作制备等用）

（3）浓缩胶聚合后，将加样梳板轻轻垂直地从顶槽内取出，这时即可出现一个个齿孔（即加样凹槽）。用小滤纸条吸去齿孔内残液，但不能触及和移动胶齿。用滴管吸蒸馏水清洗加样齿孔 2 遍，每次用小滤纸条吸去齿孔内残液。

13.5.5　加标准品和样品溶液

1）加样量

用微量注射器吸取：
（1）标准品溶液 10μL/齿孔。
（2）样品溶液（0.5mg/mL）5μL/齿孔。
（3）可单选一齿孔只加溴酚蓝指示剂溶液 10μL。

2）加样方法（有两种方法，可选一种）

（1）先加样，后加电极溶液

用微量注射器分别小心将样液加注到平板槽内的加样齿孔内（记录每孔内所加的样品，各孔内的样品不能相混），加样完毕后，将稀释好的电极溶液分别轻轻倒入上、下电极槽内，特别是在加注上电极溶液时，一定要沿槽内壁轻轻加入，以防冲动各齿孔内的样品液引起相互混合和扩散。

（2）先加电极溶液，后加样

也可先将上、下电极槽内加注已经稀释好的电极溶液后，再用微量注射器将针头伸入在上槽各自的加样齿孔底部轻轻加样，这样可以避免在加电极液时引起样品溶液相互混合和扩散。

13.5.6　电泳

加完样品和已经稀释的电极溶液后（电极一定要浸入电极溶液内），连接电泳槽导线至电泳仪，上电极接电泳仪负极，下电极接电泳仪正极，开启电泳仪，使电流先调整至 10mA/cm²（凝胶顶部截面积）电泳 15min 后，再调整电流至 20mA/cm² 继续电泳，待溴酚蓝指示剂前沿到达下端（约 1cm）时，关闭电泳仪，停止电泳。

注：开始电泳时注意观察浓缩胶中的浓缩效应。

13.5.7　分离区带鉴定

分离后的凝胶板可以根据需要进行考马斯亮蓝染料染色或银染或再做 Western Blotting 转移电泳等，本实验采用考马斯亮蓝染料染色，银染方法见附录 A。

1）染色

电泳结束后倒出槽内电极液，随即将垂直平板电泳槽上的玻璃平板轻轻掰开，将凝胶板的一面朝下对着一合适的干净培养皿，用不锈钢小铲刀将凝胶板轻轻铲压进培养皿。参见图 13-2。

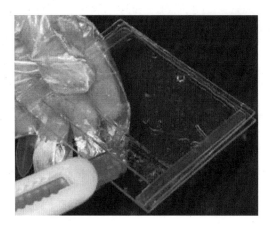

图 13-2　垂直平板电泳取胶示意图

然后在培养皿中加入适量染色液，于摇床上进行振摇固定染色 30min，完毕，倒去脱色液（可回收），培养皿中凝胶用清水洗 2～3 遍。

注：电泳后需尽快将凝胶固定染色处理，以防止区带扩散。

2）脱色

在培养皿内加入适量脱色液于脱色摇床上进行振摇，脱色多次（约需更换脱色液 3 次，2h/次）直至凝胶背景透明，色带完全清晰为止。

13.6　数据处理

根据凝胶板上染色所出现的区带，分析测试品的纯度或组分。采用凝胶图像处理系统对电泳结果进行数码拍照和定性处理或归一化法相对定量数据处理。

13.7　思考题

（1）PAGE 电泳是根据样品的哪些性质差异进行分离的？

（2）何谓 PAGE 的三大效应？何谓不连续凝胶系统？

（3）为何 PAGE 有碱性和酸性系统？

（4）PAGE 中设置浓缩胶起何作用，如何解释浓缩效应？

（5）在 PAGE 实验中，为何分子质量小的蛋白质比分子质量大的蛋白质跑得快？

（6）在制胶的操作中，封水的作用是什么？

（7）溴酚蓝指示剂的作用是什么？

（8）如何计算样品条带的电泳相对迁移率 R_m？

（9）如何利用 PAGE 对样品进行定性分析？

（10）如何利用凝胶图像系统对分离的蛋白质条带进行 R_m 计算和定量分析？

实验 14　SDS-聚丙烯酰胺凝胶垂直平板电泳
（不连续体系）

14.1　实验目的与要求

（1）学习与了解 SDS-聚丙烯酰胺凝胶电泳的原理和方法。

（2）通过垂直平板 SDS-PAGE 对某一蛋白质样品的分子质量测定，熟悉和掌握使用该方法测定蛋白质分子质量的具体实验操作和应用。

14.2　实验原理

SDS-聚丙烯酰胺凝胶电泳（SDS-PAGE）是利用样品分子的大小而进行分离的一种变性聚丙烯酰胺凝胶电泳方法。

SDS（十二烷基硫酸钠）是一种阴离子去污剂，可使蛋白质分子变性、解聚和伸展。由于 SDS 分子本身带有强负电荷，能够与变性蛋白质分子所暴露的疏水区大量结合，从而使蛋白质分子带上大量强负电荷，这样可抵消不同蛋白质分子在电泳时的电荷差异。当采用加有 SDS 的聚丙烯酰胺凝胶进行蛋白质电泳时，由于聚丙烯酰胺凝胶具有分子筛效应，这样就可以利用蛋白质分子的大小差异而进行分离，并且可以应用于蛋白质的分子质量测定。

在 SDS-PAGE 进行蛋白质分子质量测定的方法中，利用某些已知分子质量的标准指示蛋白质（Marker）与被测蛋白质样品同时进行电泳比较，根据蛋白质的电泳相对迁移率 R_m 在一定范围内与其分子质量的对数所呈的线性关系来测定样品中蛋白质的分子质量。

注：标准指示蛋白质与被测蛋白质样品在电泳前需经含有还原剂的 SDS 样品处理液处理，因此，用该方法测得的是蛋白质亚基的分子质量（对于分子构型异常的蛋白质，误差较大）。

SDS-聚丙烯酰胺凝胶电泳可以采用圆盘电泳的形式，也可以采用垂直平板电泳的形式，其原理相同，只是操作步骤有些不同。另外，SDS-聚丙烯酰胺凝胶电泳亦分为不连续系统和连续系统，不连续系统具有与 PAGE 原理相同的样品堆集浓缩效应，灵敏度较高；连续系统操作相对简便，这些可以根据教学条件和应用需要进行选择。

本实验采用垂直平板以不连续系统的 SDS-聚丙烯酰胺凝胶方式进行电泳。垂直平板电泳的优点在于在一块凝胶平板上可以同时进行多个不同样品的电泳，因此条件一致，更加便于比较分析，并方便开展延伸的 Western Blotting、双向电泳等分析。

14.3　实验仪器与器材

14.3.1　实验仪器

① 垂直平板电泳槽装置　　　　② 电动磁力搅拌器
③ 电动脱色水平摇床　　　　　④ 电泳仪
⑤ 凝胶图像分析系统　　　　　⑥ 电炉
⑦ 电子天平　　　　　　　　　⑧ 混合器

14.3.2　实验器材

① 可调取液器　　　　　　　　② 微量注射器
③ 医用注射器　　　　　　　　④ 8$^{\#}$针头
⑤ 吸管　　　　　　　　　　　⑥ 吸管架
⑦ 烧杯　　　　　　　　　　　⑧ 洗耳球
⑨ 量筒　　　　　　　　　　　⑩ 培养皿
⑪ 吸水纸　　　　　　　　　　⑫ 记号笔
⑬ 标签纸

14.4　试剂与配制

14.4.1　实验试剂

（1）丙烯酰胺（Acr）。

（2）甲叉双丙烯酰胺（Bis）。

（3）过硫酸铵（AP）。

（4）四甲基乙二胺（TEMED）。

（5）三羟甲基氨基甲烷（Tris）。

（6）考马斯亮蓝 G250。

（7）十二烷基硫酸钠（SDS）。

（8）2-巯基乙醇（β-EtSH）或 DTT 代替。

（9）甘氨酸（Gly）。

（10）溴酚蓝。

（11）甘油。

（12）盐酸。

（13）琼脂糖。

（14）甲醇。

（15）冰醋酸。

（16）牛血清白蛋白（BSA），M_r：66 200Da。

（17）鸡蛋白蛋白（CEA），M_r：42 000Da。

（18）低分子质量标准指示蛋白质：分子质量范围 10 000～100 000Da。

兔磷酸化酶-B（rabbit phosphorylase B）	M_r：97 400Da
牛血清白蛋白（bovine serum albumin）	M_r：66 200Da
兔肌动蛋白（rabbit actin）	M_r：43 000Da
牛碳酸酐酶（bovine carbonic anhydrase）	M_r：31 000Da
胰蛋白酶抑制剂（trypsin inhibitor）	M_r：20 100Da
鸡蛋清溶菌酶（hen egg white lysozyme）	M_r：14 400Da

14.4.2　试剂配制

1）丙烯酰胺（Arc）和甲叉双丙烯酰胺（Bis）溶液的配制

分别称取 Arc 30g，Bis 0.8g 于烧杯中，先用约 80mL 蒸馏水溶解，然后用蒸馏水定容至 100.0mL，混匀即可。

注：溶解后如有絮状物，可用垫有脱脂棉的小漏斗滤去。

2）10%十二烷基硫酸钠（SDS）溶液的配制

称取 SDS 2.0g 于烧杯中，先用少量蒸馏水溶解，然后用蒸馏水定容至 20.0mL，混匀即可。

注：如不易溶解需温水浴加热溶解，SDS 低于 10℃易析出。

3）10%过硫酸铵（AP）溶液的配制

称取 AP 1.0g 于烧杯中，加蒸馏水 10mL 溶解，混匀即可。

4）1.5mol/L，pH 8.8 Tris-HCl Buffer 的配制

称取 Tris 18.2g 于烧杯中，先用蒸馏水约 80mL 溶解，然后用浓 HCl 调至 pH 8.8，最后用蒸馏水定容至 100mL，混匀即可。

5）1.0mol/L，pH 6.8 Tris-HCl Buffer 的配制

称取 Tris 6.0g 于烧杯中，先用蒸馏水 40mL 溶解，然后用浓 HCl 调至 pH 6.8，用蒸馏水定容至 50mL，混匀即可。

6）pH 8.3 Tris-Gly 电极缓冲液的配制

分别称取 Tris 3.0g，Gly 14.4g，SDS 1.0g 于烧杯中，先用适量蒸馏水溶解，然后用蒸馏水定容至 1000.0mL，混匀即可。

7）四甲基乙二胺（TEMED），用时直接取原液

8）2%琼脂糖溶液的配制

称取琼脂糖 1.0g 于烧杯中，加蒸馏水 50mL，需要使用时在微波炉（或电炉）上

加热至近沸腾溶化。

　9）0.05％溴酚蓝溶液的配制

称取溴酚蓝 25.0mg，加蒸馏水 50mL 溶解，混匀即可。

　10）样品溶解缓冲液（Buffer 溶液）的配制

1.0mol/L，pH 6.8 Tris-HCl Buffer	0.5mL
甘油	0.8mL
10％ SDS	1.6mL
2-巯基乙醇（β-EtSH）	0.4mL
0.05％溴酚蓝	0.2mL
蒸馏水（DDW）	4.5mL
总体积	8.0mL

　11）样品溶液的配制（1.0mg/mL）

（1）称取牛血清白蛋白（BSA）1.0mg，加样品溶解缓冲液 1.0mL，溶解混匀即可，沸水浴 5min 后迅速冷却。

（2）称取人白蛋白（HSA）1.0mg，加样品溶解缓冲液 1.0mL，溶解混匀即可，沸水浴 5min 后迅速冷却。

注：样品要完全溶解，含盐量要尽可能低。

　12）标准品溶液的配制

标准分子质量 Marker（一小瓶）加样品溶解缓冲液 200μL，溶解混匀即可，沸水浴 5min 后迅速冷却。

　13）染色液的配制

称取考马斯亮蓝 G250 250mg 于烧杯中，先用少量蒸馏水溶解，然后分别加入冰醋酸 9.0mL，甲醇 45.5mL，最后用蒸馏水定容至 100mL，混匀即可。

　14）脱色液的配制

冰醋酸：甲醇：水＝7.5：5.0：87.5（体积比）。

14.5　实验步骤

14.5.1　凝胶液的配制

分离胶及浓缩胶的配制见表 14-1。

表 14-1　SDS-PAGE 分离胶及浓缩胶的用量及配制（学生实验选用 B 方案用量配制）

12%分离胶	A 方案用量：15mL	B 方案用量：8mL
DDW	4.9mL	2.6mL
30%Arc＋Bis	6.0mL	3.2mL
1.5mol/L Tris（pH 8.8）	3.8mL	2.0mL
10%SDS	0.15mL	0.08mL
10%AP*	0.15mL	0.2mL（原 0.08mL）
TEMED*	0.006mL	3.2μL
5%浓缩胶	A 方案用量：8mL	B 方案用量：4mL
DDW	5.5mL	2.75mL
30%Arc＋Bis	1.3mL	0.65mL
1.0mol/L Tris（pH 6.8）	1.0mL	0.5mL
10%SDS	0.08mL	0.04mL
10%AP*	0.08mL	0.1mL（原 0.04mL）
TEMED*	0.008mL	4μL

注：A 方案为大型电泳槽用量，B 方案为小型电泳槽用量。

*可通过适当调整引发剂 10% AP 和加速剂 TEMED 的用量来调整凝胶的聚合时间在 30～60min。

14.5.2　垂直平板电泳槽的装配

（1）将洁净的垂直平板电泳槽水平放置，在槽内凹型平面上（或在此平面上另加的凹型玻璃板平面上）两侧边各垫加一块配套的 1mm 厚隔条（隔条厚度决定凝胶夹槽的厚度），再在两块边条上对应整齐加上玻璃平板以形成凝胶夹槽，对合到位后，在槽的两竖侧边分别用两只夹子将玻璃板与电泳槽夹紧，以使两边密封（此后需小心拿取电泳槽）。

（2）将电泳槽竖立，用滴管吸取适量经微波炉（或电炉）加热至近沸腾溶化的 2% 琼脂糖溶液，趁热灌注于玻璃平板的底槽，待琼脂糖冷却凝固后，底层即封闭（需避免气泡）。

（3）在玻璃平板夹槽内用注射器（或滴管）加满蒸馏水，并观察两侧和底部是否有渗漏现象，如有渗漏则需要重新安装玻璃平板槽。确保无渗漏后，轻轻倒去夹槽内蒸馏水，并用吸水纸吸去夹槽内残留的蒸馏水。

关于其他类型垂直平板电泳槽见相关说明书进行装配。

14.5.3　分离胶的制备

（1）用带有长针头的注射器吸取分离胶混合贮液，慢慢注入垂直放好的平板夹槽内，直至胶液高度为 7cm。

（2）用另一带细针头注射器吸取适量蒸馏水，缓慢在胶面上仔细加注厚 0.5～1.0cm 的蒸馏水层（即封水），在室温下静置 40～60min 进行聚合，这时可根据界面现象进行辨别。开始时，槽内胶层与水层界面渐至扩散消退，待固体凝胶形成后，又将重新可辨。当有明显的水平分层界面现象出现时，表明凝胶已聚合完毕。

（3）聚合后将上层的封水轻轻倒掉，并用吸水纸吸去槽内胶层上残留的蒸馏水（不要触及胶面）。

14.5.4　堆集胶的制备

（1）将混合好的堆集胶贮液用带有针头的注射器吸取加注到分离胶胶面上，直至高度约为 2cm。

（2）将加样梳板的梳齿插入平板顶部夹槽内，并保证梳齿的 2/3 部分浸没在堆集胶液内（如高度不够，可适量添加贮液），在室温下，静置 40～60min。（如果堆集胶面不用加样梳板，则可加水层封水以使界面平整，此方法为只加一种样品作制备等用）

（3）堆集胶聚合后，将加样梳板轻轻垂直地从顶槽内取出，这时即可出现一个个齿孔（即加样凹槽）。用小滤纸条吸去齿孔内残液，但不能触及和移动胶齿。用滴管吸蒸馏水清洗加样齿孔 2 遍，每次用小滤纸条吸去齿孔内残液。

14.5.5　加标准品和样品溶液

1）加样量

用微量注射器吸取：
（1）标准品 Marker 溶液（200μL/小瓶）10μL/齿孔。
（2）样品溶液（1.0mg/mL）2.5μL/齿孔。

2）加样方法（有两种方法，可选一种）

（1）先加样，后加电极溶液

用微量注射器分别小心将样液加注到平板槽内的加样齿孔内（记录每孔内所加的样品，各孔内的样品不能相混），加样完毕后，将准备好的电极溶液分别轻轻倒入上、下电极槽内，特别是在加注上电极溶液时，一定要沿槽内壁轻轻加入，以防冲动各齿孔内的样品液引起相互混合和扩散。

（2）先加电极溶液，后加样

也可先将上、下电极槽内加注电极溶液后，再用微量注射器将针头伸入在上槽各自的加样齿孔底部轻轻加样，这样可以避免在加电极液时引起样品溶液相互混合和扩散。

14.5.6　电泳

加完样品和电极液后（电极一定要浸入电极溶液内），连接电泳槽导线至电泳仪，上电极接电泳仪负极，下电极接电泳仪正极，开启电泳仪，使电流调整至 $15mA/cm^2$（凝胶顶部截面积）电泳 15min 后，再调整电流至 $30mA/cm^2$（150～250V 电压）继续电泳，待溴酚蓝指示前沿到达下端（约 1cm）时，关闭电泳仪，停止电泳。

14.5.7　分离区带鉴定

分离后的凝胶板可以根据需要进行考马斯亮蓝染料染色或银染或再做 Western

Blotting 转移电泳等，本实验采用考马斯亮蓝染料染色，银染方法见附录 A。

1）染色

电泳结束后倒出槽内电极液，随即将垂直平板电泳槽上的玻璃平板轻轻掰开，将凝胶板的一面朝下对着一合适的干净培养皿（或容器），用不锈钢小铲刀将凝胶板铲压下来（参见图 14-1）。然后在培养皿中加入适量染色液，于摇床上进行振摇固定染色 30min，完毕，倒去脱色液（可回收），培养皿中凝胶用清水洗 2～3 遍。

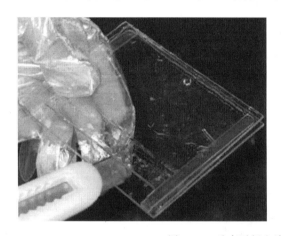

图 14-1　垂直平板电泳取胶示意图

2）脱色

在培养皿内加入适量脱色液于脱色摇床上进行振摇，脱色多次（约脱色 3 次，2h/次）直至凝胶背景透明，色带完全清晰为止。

14.6　数据处理

根据凝胶板上染色所出现的区带，测量和记录标准品和样品中各蛋白质条带的迁移距离（mm）或相对迁移率 R_m，以标准品中的各自蛋白质的迁移距离（mm）或相对迁移率 R_m 为横坐标，以相对相应的分子质量对数（$\lg M_r$）为纵坐标，绘制蛋白质分子质量标准曲线，并从标准曲线图上查出样品蛋白质的分子质量。数据处理另可采用半对数坐标纸的作图方式，或采用 Excel 线性回归的方法计算结果。亦可采用凝胶图像处理系统对电泳结果进行数码拍照和数据处理。

图 14-2　垂直平板电泳槽

结果参见图 14-2 和图 14-3。

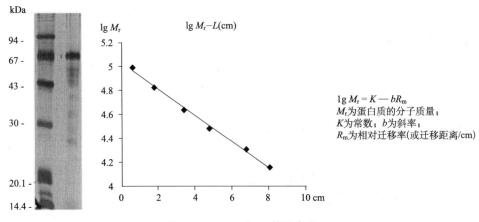

图 14-3　　SDS-PAGE 结果参考

图中公式：

$$\lg M_r = K - bR_m$$
M_r为蛋白质的分子质量；
K为常数；b为斜率；
R_m为相对迁移率(或迁移距离/cm)

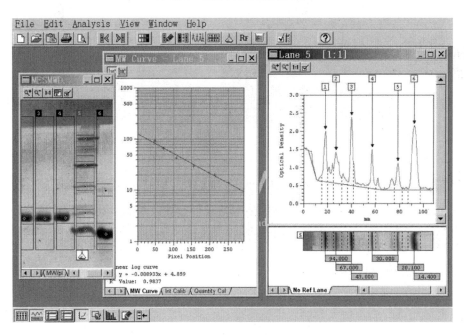

图 14-4　　SDS-PAGE 凝胶图像系统处理结果参考

14.7　思考题

（1）在 SDS-PAGE 中对样品是如何处理的，为何要进行这样的处理？

（2）SDS-PAGE 为什么测出的是蛋白质亚基的分子质量？

（3）纯的抗体（如 Ig G）在 SDS-PAGE 分析中是否为一条带？

（4）如果样品不用还原剂处理，电泳结果将会如何？可否进行蛋白质结构的辅助分析？

（5）如何调整凝胶聚合速度？

（6）如何利用凝胶图像系统对分离的蛋白质条带进行归一化法相对含量分析？

实验 15　Tricine-SDS-聚丙烯酰胺凝胶电泳
（分离小分子多肽）

15.1　实验目的与要求

（1）了解 Tricine-SDS-PAGE 的原理。

（2）学习与掌握 Tricine-SDS-PAGE 对于小分子蛋白质分离的实验方法。

15.2　实验原理

常规的 SDS-PAGE（即 Laemmli-SDS-PAGE）分析蛋白质分子质量的范围一般在 15～200kDa，对于分子质量小于 10kDa 的多肽分离效果差，其主要原因：一方面是因为小分子多肽在浓缩胶中堆集困难，影响浓缩效果；另一方面小分子多肽扩散现象严重，表现为带型弥散，并有拖尾现象，影响分离。传统上虽然可以采用梯度凝胶来分析，但需要高浓度梯度胶（如 15％～30％梯度胶），还需要专门的梯度灌胶设备，制作较烦琐。

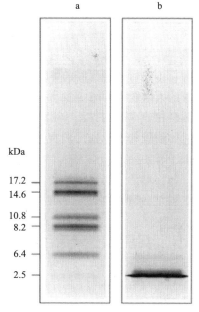

图 15-1　两种电泳方法的比较，
样品为肌红蛋白裂解肽段
a 为 Tricine-SDS-PAGE 分析结果；
b 为 Laemmli-SDS-PAGE 分析结果
（T＝10％，C＝3％）

Tricine-SDS-聚丙烯酰胺凝胶电泳（Tricine-SDS-PAGE）方法的建立，较好地解决了对小分子多肽测定的问题（参考图 15-1）。其特点主要为：

（1）可应用于测定 1～100kDa 范围的小分子多肽和蛋白质。

（2）不使用甘氨酸作为尾随离子，这样可以防止对下一步氨基酸序列及组成测定的干扰。

（3）使用了较梯度凝胶低的凝胶浓度（10％，16％），以方便下一步的电泳转移，特别是对于疏水性蛋白质到膜上的转移。

（4）适合应用于作为蛋白质组学研究工具的双向电泳中的第二向电泳（dSDS-PAGE），可以分离极端疏水的蛋白质以进行质谱鉴定。另外，它作为 BN-PAGE、CN-PAGE 之后的第二向电泳也具有提高分辨率的优越性。

Tricine-SDS-PAGE 的原理主要是对 Laemmli 不连续体系 SDS-PAGE 方法的改进，主要改进四个方面。

（1）替换了尾随离子。替换了浓缩胶"三明治"（即前导离子-居中离子-尾随离子）组成中的尾随离子，同时大幅度增加了堆集胶缓冲液的离子强度。即在上电极缓冲液中替换以 pK 值比甘氨酸（pK_{a_2} 9.6）低的三（羟甲基）甲基甘氨酸（Tricine，pK_a 8.1）作为尾随离子。Tricine 在电泳中比甘氨酸带有较多的负电荷，在不连续体系浓缩胶中所产生的电位梯度中，迁移速度较快，以加速追赶居中离子（即负电荷比 Tricine 尾随离子多的、小于 20kDa 的小分子多肽）并对其加强了排斥与推进作用，即增加了堆集浓缩效应。但是，在增加了约 6 倍堆集胶缓冲液离子强度的条件下，对样品中分子质量大于 30kDa 的大分子蛋白质在浓缩胶中基本上消除了堆集效应，而是平滑地通过浓缩胶后再进入分离胶。不过，这一点特别重要，因为这种情况减少了由于样品中大量的大分子蛋白质在堆集胶中过分堆集所引起的样品过载效应（overloading effects），从而有利于小分子多肽的分离。

注：由于该方法对 20～100kDa 的大分子蛋白质堆集浓缩作用很小，因此电泳的加样体积要少，一般不超过 10μL。

（2）大幅度增加了胶中及电极缓冲液的离子强度。堆集胶缓冲液增加约 6 倍，间隔胶和分离胶缓冲液增加约 2.5 倍，上、下电极液增加约 4 倍。采用高离子强度的缓冲液致使电泳中有较多的离子移动而降低了蛋白质的移动速度，通过增加浓缩效应和离子强度的双重作用，可以实现 5～20kDa 小分子多肽在较低凝胶浓度（10%，16%）中的分离。

（3）采用不连续胶浓度的三层胶结构。对于分离<5kD 的小分子多肽，Tricine-SDS-PAGE 系统凝胶制作在常规的浓缩胶与分离胶之间又增加了一层间隔胶（spacer gel），即 4% 凝胶浓度的大孔浓缩胶＋10% 凝胶浓度的小孔间隔胶＋16% 凝胶浓度（6% 交联度）的更小孔分离胶。10% 凝胶浓度间隔胶（又称夹层胶）的作用是促使电泳条带变窄，并减少扩散。当小分子多肽从大孔浓缩胶中出来时会突然遇到不连续小孔间隔胶界面而再进行一定程度的堆集，该作用同样会在小分子多肽从间隔胶移动到更小孔的分离胶的不连续界面时再发生一次。即当小分子多肽进入间隔胶后会按其迁移率递减的顺序逐渐在分离胶的界面上积聚成薄层，然后再进入更小孔的分离胶进行电泳分离。另外，间隔胶的设计也使较大分子的蛋白质能够与小分子多肽得到预分离（对于>5kDa 可以不需要间隔胶）。

（4）对于分离<5kDa 的小分子多肽，在分离胶中增加尿素可以有效地减少多肽与 SDS 的结合量，以进一步改善更小分子多肽的分离效果。

15.3　实验仪器与器材

15.3.1　实验仪器

　　① 垂直平板电泳槽装置　　　　　② 电泳仪
　　③ 电泳脱色摇床

15.3.2　实验器材

　　① 可调取液器　　　　　　　　② 加样枪头

③ 烧杯　　　　　　　　　　　　④ 量筒

⑤ 培养皿

15.4　试剂与配制

15.4.1　实验试剂

（1）丙烯酰胺（Acr）。

（2）甲叉双丙烯酰胺（Bis）。

（3）过硫酸铵（AP）。

（4）四甲基乙二胺（TEMED）。

（5）三羟甲基氨基甲烷（Tris）。

（6）考马斯亮蓝 R250。

（7）十二烷基硫酸钠（SDS）。

（8）β-巯基乙醇（或二硫苏糖醇，DTT）。

（9）N-[三（羟甲基）甲基] 氨基乙酸（Tricine）。

（10）溴酚蓝。

（11）甘油。

（12）盐酸。

（13）尿素。

（14）甲醇。

（15）冰醋酸。

（16）乙醇。

（17）细胞色素 C（M_r：11 608Da）。

（18）胰岛素（M_r：5733Da）。

（19）胸腺素 α1（M_r：2879Da）。

（20）低分子质量标准指示蛋白质：分子质量范围 1600～27 000Da。

15.4.2　试剂配制（蒸馏水用双蒸馏水或去离子水）

1）缓冲液的配制

A. 10×负极缓冲液（上电极端）：Tris 1.0mol/L＋Tricine 1.0mol/L＋1‰ SDS，pH 8.25（使用时稀释 10 倍）。

称取 Tris 60.55g，Tricine 89.58g，SDS 5.0g，加蒸馏水定容至 500.0mL（不用调 pH）。

B. 10×正极缓冲液（下电极端）：Tris 1.0mol/L＋HCl 0.225mol/L，pH 8.9（使用时稀释 10 倍）。

称取 Tris 121.1g，加入蒸馏水 400mL，用 HCl 调 pH 至 8.9，补足蒸馏水定容至 500.0mL。

C. 3×胶缓冲液（Tris 3.0mol/L＋HCl 1.0mol/L＋SDS 0.3％，pH 8.45）。

称取 Tris 182g，SDS 1.5g，加蒸馏水 300mL，用 HCl 调 pH 8.45，补足蒸馏水定容至 500.0mL。

2）丙烯酰胺（Arc）和甲叉双丙烯酰胺（Bis）溶液的配制（AB-3，即 3％交联度）

分别称取 Arc 46.5g，Bis 3.0g 于烧杯中，先用适量蒸馏水溶解，然后用蒸馏水定容至 100.0mL，混匀即可。

3）丙烯酰胺（Arc）和甲叉双丙烯酰胺（Bis）溶液的配制（AB-6，即 6％交联度）

分别称取 Arc 48g，Bis 1.5g 于烧杯中，先用适量蒸馏水溶解，然后用蒸馏水定容至 100.0mL，混匀即可。

4）10％过硫酸铵（AP）溶液的配制

称取 AP 1.0g 于烧杯中，加蒸馏水 10.0mL，溶解混匀。

5）四甲基乙二胺（TEMED），直接取原液

6）5×样品溶解缓冲液（Loading Buffer 溶液）的配制（可配制 10mL）

0.25mol/L，pH 6.8 Tris-HCl，500g/L 甘油，100g/L SDS，50mL/Lβ-巯基乙醇，0.05％溴酚蓝。

配制方法如下：
A. 1.25mol/L，pH 6.8 Tris-HCl 配制。

称取 Tris 7.57g，先加蒸馏水 40mL 溶解，用 HCl 调 pH 至 6.8，用蒸馏水定容至 50.0mL。

B. 10mL，5×样品溶解缓冲液配制（用时稀释 5 倍）。

1.25mol/L，pH 6.8 Tris-HCl 2mL，甘油 5mL，SDS 1.0g（对于分离 1～5kDa 的小分子，可减半），β-巯基乙醇 0.5mL，溴酚蓝 5mg，用蒸馏水溶解并定容至 10.0mL。

注：用时稀释 5 倍，如样品为液体则以 4 份样液与 1 份 5×样品溶解缓冲液混合。

7）样品溶液的配制（1.5mg/mL）

称取胰岛素 0.5mg，胸腺素 α1 0.5mg，细胞色素 C 0.5mg，加已稀释 5 倍的样品溶解缓冲溶液 1.0mL 溶解，混匀即可，沸水浴 5min 后迅速冷却（样品要完全溶解，盐浓度不能过大）。

8）固定液的配置

50％甲醇，10％冰醋酸，0.1mol/L 乙酸铵。

9）染色液的配制

称取考马斯亮蓝 R250 1.0g 于烧杯中，先用少量蒸馏水溶解，然后分别加入冰醋酸

100mL，异丙醇 250mL，最后用蒸馏水定容至 1000mL，混匀滤除颗粒物即可。

10）脱色液的配制

冰醋酸：乙醇：水＝10：5：85（体积比）

15.5　实验步骤

15.5.1　凝胶的聚合

1）分离胶及浓缩胶的配制

表 15-1　Tricine-SDS-PAGE 分离胶及浓缩胶配制表

胶浓度及试剂和用量	16％分离胶（含 6mol/L 尿素）	10％间隔胶	4％浓缩胶
AB-3 胶液 * /mL	2.0	0.6	0.5
3×胶缓冲液/mL	2.0	1.0	1.5
尿素 ** /g	2.16		
加蒸馏水至最终体积/mL	6.0	3.0	6.0
上述胶液溶解混匀后，聚合前再加入下列试剂			
10％AP/μL	20	15	45
TEMED/μL	2	1.5	4.5

* 对于使用 $T＝16％$，$C＝6％$交联度分离胶时可将 AB-3 替换为 AB-6。

** 尿素可不加或用 13％甘油替换以比较分离效果（参考图 15-2）。

2）制胶

按照常规方法装配好垂直平板电泳槽，将 16％分离胶加入胶槽内至 6cm 高，小心地在分离胶上再加入 1cm 高的 10％间隔胶，然后再在胶面上仔细加注厚约 1cm 的蒸馏水层，在室温下静置 30～60min 进行聚合（聚合速度不能快）。这时可根据界面现象进行辨别，当有明显的分层现象出现时，即表明凝胶已聚合完毕。聚合后将蒸馏水轻轻倒掉，并用吸水纸轻轻吸去胶面上残留的蒸馏水。将混合好的堆集胶溶液用带有长针头的注射器吸取加注到间隔胶胶面上，直至平板边缘 0.5cm 处，再将梳板的梳齿插入平板顶部槽内，并保证梳齿的 2/3 部分浸没在堆集胶液内（如高度不够，可适量添加堆集胶溶液）。在室温下，静置 30～60min，堆集胶聚合后，将梳齿轻轻垂直地从顶槽内取出，用注射器吸取已经过稀释的负极缓冲液将加样孔冲洗 1～2 遍。分别在电泳槽上端（负极）和下端（正极）加入已经过稀释的负极缓冲液和正极缓冲液（电极一定要浸入电极溶液内）。

15.5.2　加标准品和样品溶液

用加样枪头轻轻伸入上电极缓冲液，分别在加样孔中加入低分子质量标准蛋白质和胰岛素样品各 5μL（或其他所需分析样品）。

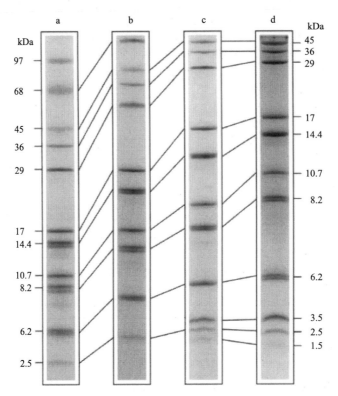

图 15-2　Tricine-SDS-PAGE 不同条件分析结果

样品为标准分子质量蛋白质 Marker

a. $T=10\%$，$C=3\%$；b. $T=16\%$，$C=3\%$；c. $T=16\%$，$C=6\%$；d. $T=16\%$，$C=6\%$加 6mol/L 尿素

15.5.3　电泳

将电泳槽的正、负极导线对应接上电泳仪，开启电泳仪电源，先调到稳压 30V 开始电泳，待指示剂溴酚蓝进入夹层胶后再调到稳压 90V 继续电泳，待溴酚蓝指示前沿到达下端时，关闭电泳仪电源，停止电泳。

15.5.4　分离区带和鉴定

1）染色

将垂直平板电泳槽上的玻璃平板轻轻掰开，将凝胶从玻璃平板上面取下来，放入干净的培养皿内，然后加入适量固定液，于摇床上进行振摇固定 30min；倒去固定液，在培养皿中用清水洗胶 2～3 遍；换染色液，于脱色摇床上振摇染色 30min；回收染色液，在培养皿中用清水洗胶 2～3 遍。

2）脱色

在培养皿内加入适量脱色液于摇床上进行振摇，需多次脱色（约 3 次，2h/次）直至色带完全清晰为止。

15.6　数据处理

将脱色完成的凝胶用凝胶图像系统拍照保存，最后根据染色所出现的区带，测量和记录标准品和样品中各蛋白质的迁移距离（或相对迁移率）。以标准品中各蛋白质的迁移距离（cm）为横坐标，相对应的对数分子质量（$\lg M_r$）为纵坐标，绘制低分子质量蛋白质标准曲线并从标准曲线图上查出样品蛋白质的分子质量，亦可采用 Excel 线性回归或凝胶图像系统软件直接计算打印出相关图谱和计算结果。

15.7　思考题

（1）Tricine-SDS-PAGE 的特点是什么？

（2）Tricine 和间隔胶的作用是什么？

附注：小分子多肽其他条件的染色方法

1. 考马斯亮蓝染色

1）固定

用 50％甲醇＋12％乙酸固定液固定，10％的胶 0.7mm 厚固定 15min；16％的胶 0.7mm 厚固定 30min；16％的胶 1.6mm 厚固定 60min。

2）染色

用含有 0.025％考马斯亮蓝 G250 的 10％乙酸染色，染色时间是固定时间的 2 倍。

3）脱色

用 10％乙酸脱色几次，每次 15～60min，直至条带清晰。

4）清洗

用蒸馏水清洗 3 次，每次 5min。

注：考马斯亮蓝染色后的凝胶可以再进行银染，但是需要事先去除考马斯亮蓝，去除方法是：用含 50mmol/L 碳酸氢铵的 50％甲醇溶液去除考马斯亮蓝后，用蒸馏水清洗几次。

2. 银染

1）固定

用 50％甲醇＋12％乙酸固定液固定，10％的胶 0.7mm 厚固定 15min；16％的胶

0.7mm 厚固定 30min；16％的胶 1.6mm 厚固定 60min。

2）清洗

用蒸馏水清洗两次，每次清洗时间与固定时间相同。

3）敏化

用 0.005％硫代硫酸钠（$Na_2S_2O_3$）浸泡孵育，时间与固定的时间相同（15～60min）。

4）银染

用 0.1％硝酸银染色，染色与固定的时间相同（15～60min）。

5）水洗

用蒸馏水清洗两次，每次 1～2min。

6）显影

用含 0.036％甲醛的 2％碳酸钠溶液显色 1～2min。

7）定影

用 50mmol/L EDTA 溶液停止显色 15～60min。

8）清洗

用蒸馏水清洗两次。

实验 16　管式凝胶等电聚焦

16.1　实验目的与要求

（1）通过凝胶等电聚焦实验，了解等电聚焦的原理。
（2）通过测定某一蛋白质样品的等电点，熟悉凝胶等电聚焦的一般实验方法。

16.2　实验原理

等电聚焦（isoelectric focusing，IEF）是根据样品的等电点（pI）差异而进行分离的一项电泳技术。

两性化合物，例如蛋白质等，通常都具有等电点 pI。当溶液的 pH>pI 时，该两性化合物带负电荷；pH<pI 时，该两性化合物带正电荷；pH=pI 时，该两性化合物所带的净电荷为零。在电场的作用下，带负电荷的物质向正极移动，带正电荷的物质向负极移动，净电荷为零，物质则不移动。当将两性化合物置于由两性载体所建立起来的 pH 梯度体系中进行电泳时，由于两性化合物在不同的 pH 中会发生两性解离平衡，致使发生带电量和带电性质的动态变化，从而以不同的电泳速度和方向移动聚集到相当其等电点即净电荷为零的 pH 位置而停留下来，因为不同的两性化合物其等电点不同，因而会聚焦在不同 pI 的 pH 位置而被两性载体分隔开来，最终达到分离的目的。这种利用两性化合物的等电平衡技术而建立起来的电泳分离方法即称为等电聚焦（参见图 16-1）。

通过测定聚焦部位的 pH，即可测定蛋白质的等电点 pI。由于等电聚焦在电泳过程中对蛋白质样品具有浓缩作用，分离条带不易扩散，因此等电聚焦具有很高的分辨率，可应用于纯度鉴定、等电谱分析、高纯度样品制备等。

建立 pH 梯度的两性载体是由所需 pH 范围的多种 pI 的合成的小分子两性化合物所组成的，它们在阳极为酸性、阴极为碱性的电场作用下能够形成连续而稳定的 pH 梯度，也是利用了两性载体的等电平衡技术。（关于两性载体建立 pH 梯度的原理详由理论课讲解）

IEF 需要很高的电压，发热较多。在实验过程中，往往由于通电时产生的热量引起溶液的热对流致使已分离的区带重新混合，因此在 IEF 中需要有抗热对流的稳定介质，采用凝胶（如聚丙烯酰胺或琼脂糖

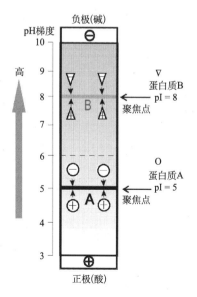

图 16-1　等电聚焦示意图

凝胶）作为稳定介质的即称为凝胶等电聚焦（在大型并具有制备作用的柱式 IEF 中，是采用蔗糖密度梯度作为抗热对流的稳定介质，因此称为柱式蔗糖密度梯度等电聚焦）。本实验采用圆盘电泳装置进行实验，因此亦称为管式凝胶等电聚焦。

　　IEF 中的聚丙烯酰胺凝胶有光聚合和化学聚合两种方法，本实验采取光聚合法（化学聚合法见实验后附注）。加样有在单体聚合后加样，或是先将样品混合在单体配制溶液中，然后使单体聚合，样品则保留在整个凝胶网孔中两种方法，本教学实验采用后一种。

　　在聚焦以后，通过对凝胶固定、染色或光密度扫描的方法，将样品带显示出来，然后再与未经固定、染色的参比凝胶部分测出的 pH 曲线进行比较，从而可以对应测定出样品带所处的相当其等电点的 pH，pH 曲线亦可采用系列已知等电点的标准蛋白质等电聚焦后进行标定。

16.3　实验仪器与器材

16.3.1　实验仪器

　　① 电泳仪　　　　　　　　　　　② 圆盘电泳槽装置
　　③ 酸度计（精度±0.02pH）　　　④ 磁力搅拌器
　　⑤ 日光灯光照箱：20W 灯管×4　　⑥ 混合器
　　⑦ 电子天平

16.3.2　实验器材

　　① 小玻璃管：内径 5mm，外径 7mm，长 10cm　　② 可调取液器
　　③ 微量注射器　　　　　　　　　④ 普通注射器
　　⑤ 8# 长针头　　　　　　　　　　⑥ 吸管
　　⑦ 吸管架　　　　　　　　　　　⑧ 烧杯
　　⑨ 量筒　　　　　　　　　　　　⑩ 试管
　　⑪ 试管架　　　　　　　　　　　⑫ 培养皿
　　⑬ 直尺　　　　　　　　　　　　⑰ 刀片
　　⑮ 洗耳球　　　　　　　　　　　⑯ 剪刀
　　⑰ 镊子　　　　　　　　　　　　⑱ 骨勺
　　⑲ 称量纸　　　　　　　　　　　⑳ 吸水纸
　　㉑ 保鲜膜　　　　　　　　　　　㉒ 胶布条
　　㉓ 标签纸　　　　　　　　　　　㉔ 记号笔

16.4　试剂与配制

16.4.1　实验试剂

　　（1）考马斯亮蓝 G250。
　　（2）甲叉双丙烯酰胺（Bis）。

（3）牛血清白蛋白（BSA）。

（4）两性载体（Ampholine，pH 4～10，国产或 GE 产品）。

（5）丙烯酰胺（Acr）。

（6）三氯乙酸（TCA）。

（7）乙二胺。

（8）核黄素。

（9）磷酸。

16.4.2　试剂的配制

1）Acr＋Bis 贮备液的配制

称取 Acr 1.6g，Bis 48mg，置于 50mL 小烧杯内，加 10mL 蒸馏水，溶解即可。

2）4％核黄素溶液的配制

称取核黄素 4mg，加蒸馏水 100mL，溶解即可。

3）两性载体

Ampholine（pH 4～10），含量为 40g/100mL（国产）。

4）测试的样品溶液的配制

称取牛血清白蛋白 2.0mg，加蒸馏水 2.0mL，溶解即可（浓度为 1mg/mL）。

5）5％磷酸溶液（正极上电极槽溶液）的配制

吸取磷酸 5mL，加蒸馏水 95mL，混匀即可（另还用于调 pH）。

6）5％乙二胺溶液（负极下电极槽溶液）的配制

吸取乙二胺溶液 5mL，加蒸馏水 95mL，混匀即可。

7）凝胶固定溶液（15％TCA）的配制

称取三氯乙酸 15g，溶于 100.0mL 蒸馏水，混匀即可。

16.5　实验步骤

16.5.1　凝胶系统的配制（光聚合法，化学聚合法见实验后附注）

按表 16-1 的比例，除蒸馏水外，先在烧杯内分别加入其他试剂溶液进行混合，然后用 pH 试纸测 pH，若 pH＞5，则用 5％磷酸溶液调至 pH 4～5，最后用蒸馏水再定容至 20.0mL。

表 16-1　IEF 凝胶系统溶液的配制方法表 (光聚合法)

试剂名称	说明	用量/mL	比例 (100mL 溶液中所含试剂质量/g)
Acr＋Bis 贮备液	见配制	10.0	Acr：8.0 Bis：0.24
4％核黄素溶液	见配制	5.0	0.001
Ampholine (pH4～10)	原液	0.5	1.0
1mg/mL 牛血清白蛋白＊	见配制	2.0	0.01
加蒸馏水后总体积		20.0	

＊ 如果在凝胶聚合后加样，则 1mg/mL 牛血清白蛋白样品溶液可以取消，但此后需要增加加样步骤。

16.5.2　凝胶的聚合

(1) 将洁净、干燥的小玻璃管一端，用胶布密封后，朝下垂直放入有机玻璃凝胶玻璃管架的孔中，并在小玻璃管的 8.0cm 处做一记号 (参见图 16-2)。

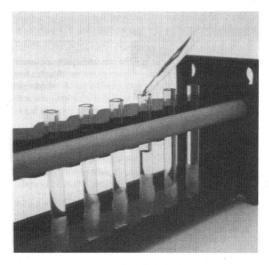

(2) 用自动取液器或带针头注射器吸取上述配好的凝胶溶液，沿着小玻璃管内壁小心准确加至 8.0cm 高。

(3) 凝胶加毕后，随即用另一带针头注射器吸取适量蒸馏水，缓慢加至管中的凝胶表面，使其表面覆盖 1.0cm 厚水层。

(4) 然后将凝胶管随支架一同移入日光灯箱内进行光聚合约 1h。在聚合一开始，管中的凝胶与水层界面渐至消退，待胶体形成后，又将重新可辨 (一般 30min 即可)，此时表明胶体已经凝聚。

图 16-2　小玻璃管支架装置图

16.5.3　聚焦

1) 凝胶管的安装

(1) 取出并选择合适的聚合完毕的凝胶管，然后揭去凝胶管底端胶布，并倒去管上端内的水层溶液。

(2) 用滴管吸取蒸馏水洗涤凝胶管上端和下端的凝胶表面。

(3) 将凝胶管的上端统一插在圆盘电泳槽上电极槽底板的各同心橡皮圈孔中 (注意密封)。

注：如果选择加样在凝胶聚合后加样，在此需要增加加样步骤，即取各样品适量，分别溶解在含有 2％ Ampholine 两性载体的 20％甘油样品溶解液中，然后各自取 50μL

（或所需量）分别加样到不同凝胶管上端的胶表面上，再在样品层上小心加 2～5mm 厚含有 1% Ampholine 两性载体的 10% 甘油溶液（可将上述样品溶解液稀释一倍用）作为保护层，然后再在保护层上小心加满上电极溶液。

16.5.4　加电极溶液

先用滴管吸取上电极槽溶液，在每个凝胶管上端逐一加满，然后在上、下两极槽内分别加入上、下电极槽溶液。其用量，上电泳槽以电极完全浸入为宜，下电泳槽以凝胶管尽可能全浸入为宜。

注：排除小玻璃管上、下管口可能留有的气泡。

16.5.5　电泳

将上、下电泳槽对合好，上电极槽电极接电源的正极，下电极槽电极接电源的负极，使起始电流调节在 6mA/管（此时电压约为 200V），10min 后，将电压调至 250V，并在室温下恒压不变，在此条件下聚焦约 2h（期间注意观察电流变化）。

16.5.6　取出玻璃管内的凝胶

从电泳槽上拔出小玻璃管，在凝胶管下负极端插入一根硬尼龙丝做一记号。用一支带有长针头的注射器吸取适量蒸馏水，把针头慢慢插入玻璃管内壁和凝胶柱表面之间，一边开始压水，一边同时使针头慢慢贴紧管壁呈螺旋式前进，如果一端不行，再在管的另一端按同样的方法剥离，这样依靠水流的压力和滑润力，使玻璃管内壁与凝胶分离，最后用洗耳球在管的一端轻轻挤压，另一端对着一大小适宜的干净培养皿内，此时可以将凝胶条压出玻璃管（参考图 16-3）。

图 16-3　小玻璃管取胶示意图

16.6　数据处理

16.6.1　凝胶的处理与 pH 曲线的测定

（1）取其中的一条凝胶条置于干玻璃板上自然摆直，用直尺准确测量凝胶条长度。

（2）测量后的凝胶条继续与直尺对应好，用刀片以阳极为起始端，按 0.5cm 一段顺序切下，切下后，将每一段顺序放入已编号的试管中。

（3）依次在各试管中加入蒸馏水 1.0mL，薄膜封口抽提 2.0h（或过夜）。

（4）用酸度计以阳极为起始端，依次测定各管所取抽提液的 pH，并记录所测定的数据。

注：由于测定溶液体积少，可用微型 pH 电极测定；或因陋就简将测定液倒入合适小药瓶碗形橡皮塞内或自制石蜡块上挖的合适直径的小孔内，再用普通 pH 电极测定，测定时避免损坏 pH 电极。

（5）以 pH 为纵坐标，凝胶长度为横坐标，制作出 pH 曲线图。

16.6.2 凝胶的固定与等电点的测定

（1）将另一条凝胶条（或其他待鉴定凝胶条）聚焦后尽快放入一洁净的 15mL 试管内，加适量的 15% 的三氯乙酸（TCA）溶液，完全浸没固定 20min，凝胶中的蛋白质区带即被固定。

（2）弃去固定液，凝胶条在试管中用蒸馏水漂洗 2～3 次。此时可在胶条上看见近白色的牛血清白蛋白样品聚焦条带。

注：一般凝胶条带均需要需要染色和脱色处理（尤其是纯度鉴定），对于凝胶的染色和脱色处理请参考下个平板等电聚焦电泳中的染色和脱色步骤，本教学实验测定的样品为纯品，因而省略了染色步骤。

（3）漂洗完毕，取出凝胶条于玻璃板上摆直，用直尺以与 pH 曲线相同的起点（阳极端）准确测量凝胶条中样品带的迁移距离和凝胶条全长。

（4）由于凝胶条经固定后，长度已发生变化，因此所测出的样品带的迁移距离长度需经校正后，才能在长度与 pH 关系的曲线上查出对应的与其等电点相应的 pH。

其校正公式如下：

$$L_1 = L_2(L_3/L_4)$$

其中，L_1 表示各样品带的实际长度；L_2 表示样品带经固定后所测出的长度；L_3 表示供测 pH 曲线的参考凝胶条全长；L_4 表示经固定染色后凝胶条全长。

按校正公式计算出测试品各带实际长度。

16.7 思考题

（1）等电聚焦是根据样品的何种性质差异进行分离的？

（2）用等电平衡技术解释，为什么本次实验测定的牛血清白蛋白会从凝胶条的各个位置最终被聚焦成一条带？

（3）在本次等电聚焦实验中，电流是如何变化的？为什么？

（4）在 IEF 中，什么是抗热对流的稳定介质？

附注：化学聚合法，聚丙烯酰胺凝胶 IEF 的试剂配制与配比

1）聚丙烯酰胺凝胶贮备液的配制（$T=30\%$，$C=3\%$）[*]

称取 Acr 29.1g，Bis 0.9g，用蒸馏水溶解后定容至 100mL（过滤不溶物）。

2）两性载体

Ampholine 或 Pharmalyte pH 3.5～10，直接取原液。

3）40% 过硫酸铵（AP）的配制

称取 AP 400mg，用 1mL 蒸馏水溶解。

4）混合比例（15mL 用量，$T=5\%$）

聚丙烯酰胺凝胶贮备液 2.5mL＋两性载体 0.75mL＋蒸馏水至终体积 15mL，混合搅匀（如需要可脱气处理）。使用前再加 TEMED 7μL，过硫酸铵 AP 30μL，混合搅匀后灌胶。

注：如需在胶中加样，则可将适量样品液体混入胶中聚合，但需要从 15mL 蒸馏水体积中扣除样品体积（如在胶聚合后加样则不需要考虑此步骤，加样方法见实验中说明）。

---

[*]　C 表示交联度。

实验 17　水平平板凝胶等电聚焦

17.1　实验目的与要求

（1）学习水平平板凝胶等电聚焦的实验方法。

（2）通过标准 pI Marker 测定某一蛋白质样品的等电点，了解等电聚焦更多的应用。

17.2　实验原理

凝胶等电聚焦（isoelectric focusing，IEF）的形式具有管式和平板式，其原理相同。关于等电聚焦的原理见前面的管式凝胶等电聚焦原理部分，本实验采用水平平板式凝胶等电聚焦。

水平平板凝胶等电聚焦能够使多个不同的样品和 pI Marker 在同一块凝胶板上聚焦，具有条件一致、分析方便等特点。凝胶有聚丙烯酰胺凝胶、琼脂糖凝胶或葡聚糖凝胶可供应用时选择。另外，可能由于蛋白质-脂类、蛋白质-蛋白质相互作用所引起的电荷改变，进而导致等电点迁移或纹理现象，等电聚焦也可在含有尿素的变性凝胶或非离子去垢剂凝胶系统中进行，以提高分辨率。

由于等电聚焦发热量大（容易导致烧胶），一般水平平板等电聚焦需要恒温冷却循环水装置（或采用半导体冷却装置）。

17.3　实验仪器与器材

17.3.1　实验仪器

　① 电泳仪

　② IEF 水平平板电泳槽及冷却板装置（见图 17-1）

　③ 恒温循环水装置：用泵能够提供 4～20℃循环冷却水（见图 17-1）

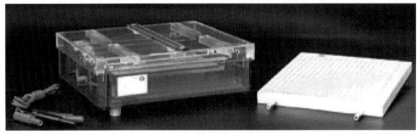

图 17-1　水平平板电泳槽与冷却板装置以及循环冷却水装置图

④ 磁力搅拌器　　　　　　　　　⑤ 混合器

⑥ 电子天平　　　　　　　　　　⑦ 脱色水平摇床

⑧ 凝胶电泳图像处理系统

17.3.2　实验器材

① 滤纸　　　　　　　　　　　　② 可调取液器

③ 微量注射器　　　　　　　　　④ 普通注射器

⑤ 吸管　　　　　　　　　　　　⑥ 烧杯

⑦ 量筒　　　　　　　　　　　　⑧ 试管

⑨ 试管架　　　　　　　　　　　⑩ 培养皿

⑪ 直尺　　　　　　　　　　　　⑫ 剪刀

⑬ 镊子　　　　　　　　　　　　⑭ 骨勺

⑮ 称量纸　　　　　　　　　　　⑯ 吸水纸

⑰ 保鲜膜　　　　　　　　　　　⑱ 标签纸

⑲ 记号笔

17.4　试剂与配制

17.4.1　实验试剂

(1) 丙烯酰胺（Acr）。

(2) 甲叉双丙烯酰胺（Bis）。

(3) 过硫酸铵（AP）。

(4) 两性载体（Ampholine 或 Pharmalyte，pH 3.5～10）。

(5) 三氯乙酸（TCA）。

(6) 甲醇。

(7) 磺基水杨酸。

(8) 考马斯亮蓝 G250。

(9) 磷酸。

(10) 疏水硅烷。

(11) 氢氧化钠。

(12) 牛血清白蛋白（BSA）或其他蛋白质样品。

(13) 标准等电点指示蛋白质（pI Marker）pH 3.5～9

pI Marker（宽范围 pI 标准蛋白质）：

trypsinogen，pI 9.3　　　　　　　　　胰蛋白酶原

lentil lectin-basic band，pI 8.65　　　　碱性小扁豆凝集素

lentil lectin-middle band，pI 8.45　　　中性小扁豆凝集素

lentil lectin-acidic band，pI 8.15　　　酸性小扁豆凝集素

myglobin-basic band，pI 7.35　　　　　碱性肌红蛋白

myglobin-basic acidic，pI 6.85　　　　　　酸性肌红蛋白
human carbonic anhydrase B，pI 6.55　　　人碳酸酐酶 B
bovine carbonic anhydrase B，pI 5.85　　　牛碳酸酐酶 B
β-lactoglobulin A，pI 5.20　　　　　　　　β-乳球蛋白 A
soybean trysin inhibitor，pI 4.55　　　　　大豆胰蛋白酶抑制剂
armyloglucosidase，pI 3.5　　　　　　　　淀粉葡萄糖苷酶

17.4.2　试剂的配制

1. 聚丙烯酰胺凝胶 IEF 试剂的配制

1）电极溶液（适用于 pH 3～9）

正极电极液：1mol/L 磷酸溶液。
负极电极液：1mol/L 氢氧化钠溶液。

2）样品溶液

pI Marker（pH 3.5～9）：每小瓶加 100μL 蒸馏水，4℃存放（蛋白质总量 2～4μg/μL，溶解后立即使用，加水后有效期一般为 12h）。
蛋白质样品：一般配制成浓度为 0.3～3mg/mL 水溶液。

3）固定液、染色液、脱色液、保存液的配制

固定液：10％三氯乙酸（质量分数）含 5％磺基水杨酸（质量分数）水溶液 100mL。
染色液：0.1％考马斯亮蓝 G250（质量分数），25％甲醇（体积分数），5％乙酸（体积分数）水溶液 100mL。
脱色液：25％甲醇（体积分数），5％乙酸（体积分数）水溶液 500mL。
保存液：5％甘油（体积分数），25％甲醇（体积分数）水溶液 100mL。

4）聚丙烯酰胺凝胶贮备液的配制（$T=30\%$，$C=3\%$）

称取 Acr 29.1g，Bis 0.9g，用蒸馏水溶解后定容至 100mL（过滤不溶物）。

5）两性载体

Ampholine 或 Pharmalyte pH 3.5～10，直接取原液。

6）40％过硫酸铵（AP）的配制

称取 AP 400mg，用 1mL 蒸馏水溶解。

7）混合比例（15mL 用量，$T=5\%$）

聚丙烯酰胺凝胶贮备液 2.5mL＋两性载体 0.75mL＋蒸馏水至终体积 15mL，混合搅匀（如需要可脱气处理）。使用前再加 TEMED 7μL，AP 30μL，混合搅匀后灌胶（本实验采用）。

以下供选择参考。

2. 含 8mol/L 尿素聚丙烯酰胺凝胶 IEF 试剂的配制（15mL 用量）

上述聚丙烯酰胺凝胶贮备液 2.5mL＋尿素 7.2g＋两性载体 0.75mL＋蒸馏水至终体积 15mL，混合溶解搅匀（如需要可脱气处理）。

使用前再加 TEMED 7μL，AP 30μL，混合搅匀后灌胶。

3. 琼脂糖凝胶 IEF 试剂的配制（18mL 用量）

Sorbitan（山梨聚糖）1.8g＋琼脂糖 0.18g＋蒸馏水 16mL，小心电加热使琼脂糖完全溶化。

冷却至 75℃加两性载体 1.4mL，完全搅匀后趁热灌入事先已经预热到 70℃ 的胶板或胶槽中，冷却至室温。

注：琼脂糖凝胶 IEF 制胶、脱色容易，适合分析百万以上高分子质量的蛋白质。胶板或胶槽在 70℃烘箱中预热 15min，由于尿素会影响琼脂糖结构，致使琼脂糖不凝固，因此一般不使用含尿素的琼脂糖凝胶。

17.5　实验步骤

17.5.1　玻璃板的选择与处理

（1）佩戴手套取上、下两块相同的（20cm×15cm×0.3cm）洁净干玻璃板和三根边条（均为 1mm 厚，即胶厚度），全部用纱布沾无水酒精擦净，晾干 10min。

（2）另将准备安排在上面的一块玻璃板再用擦镜纸蘸疏水硅烷，顺着一个方向将正反两面都擦两遍，然后用蒸馏水冲洗一下，晾干 15～20min。

17.5.2　灌胶槽的装配及灌胶

（1）将下层未硅烷化的玻璃板平放，用三根边条沿玻璃板边平行围成 10cm×12cm×1mm 厚的凹型密封胶槽（参见图 17-2，可根据需要调整围成的凹型尺寸，以改变胶面

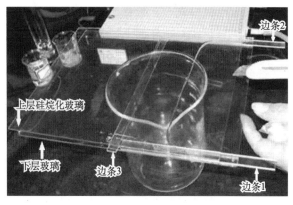

图 17-2　水平平板凝胶胶槽装配图

积的大小），再将上层硅烷化的玻璃板两侧对齐，上口向后稍错开（便于倒胶），盖在边条上方，将夹有边条的玻璃板两侧全部用夹子夹紧。

（2）按照上述凝胶配制的方法混匀好凝胶，将装配的平板槽稍倾斜 20°，进行灌胶，然后随即放平，等待胶凝聚（0.5～1h）。胶凝聚后，小心去掉两侧夹子，用裁纸刀撬开上层玻璃并拿开，再去掉所有边条和周边的残胶（参见图 17-3）。

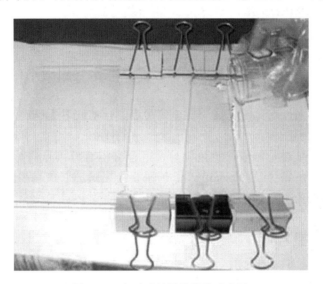

图 17-3　水平平板凝胶灌胶示意图

17.5.3　电泳槽的装配及加样

（1）在水平放置的冷却板表面，根据有凝胶的下层玻璃板大小倒上适量蒸馏水（5～20mL），将有凝胶的下层玻璃板水平放在冷却板的上面，用吸水纸吸去玻璃四周压出的多余蒸馏水。

注：在冷却板与玻璃板接触面之间加水是为了更好地散热，不得留有气泡，如有气泡需补水重新放置。

（2）在两侧电极槽内加入电极溶液，正极端为酸，负极端为碱。倒好缓冲液之后，剪两张与凝胶宽度一致的滤纸长条，分别浸透正极和负极电极溶液，然后分别平行搭桥到相应电极位置的凝胶两端，滤纸的另一端分别放入电极液中。

（3）加样时，将滤纸剪成小长条（如 5mm×7mm），用干净镊子分别将其浸透所需要分析的样品和 pI Marker，然后用镊子间隔贴放于凝胶表面合适的位置（参见图 17-4）。

（4）或先将小滤纸条用蒸馏水润湿并沥干后，间隔贴放于凝胶表面合适的位置，然后用自动加液器吸取不同样品（3～20μL）直接点到各自加样滤纸上。

（5）通常把 pI 在酸性范围的样品放在偏碱性的位置（负极），pI 在碱性范围的样品放在酸性的位置（正极），标准蛋白质及混合样品放在中间，注意样品不能紧靠电极滤纸条，以防止在过酸或过碱的位置使样品变性，影响样品的测定。

注：电极桥滤纸的层数不要太多，太多容易使电流升高而烧胶，普通滤纸不能承受

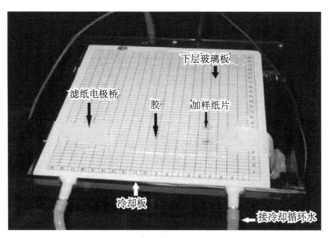

图 17-4　水平平板凝胶等电聚焦装配图

高电压，最好用抗高温滤纸（可承受 1000V 以上）。在一定范围内，提高等电聚焦的电压，会缩短聚焦时间，提高分离效果。如果样品容易失活、变性，上样前可以先预电泳100V，15～30min，让凝胶中的 AP 等小分子离子先向两侧泳动，样品盐浓度要尽可能低。

17.5.4　等电聚焦

（1）将电泳槽盖上有防蒸发作用的安全盖，接通冷却循环水（水流量 6～10L/min，温度 4～15℃，视需要而定），将电泳槽正、负极导线连接至电泳仪，接通电源，先用恒压 60V，电泳 15min，然后每隔 5～10min 增加一次电压，直至电压升至约 550V（或换以恒流 8mA 方式，此时电压会逐渐上升，待电压升至约 550V 时，再改为恒压550V），电泳 20min。

（2）关掉电源，打开安全罩，用镊子取出加样纸，再盖上安全罩，将电压调至580V，用恒压继续电泳约 120min。待电流下降接近于零并恒定不再下降时，电泳结束，关闭电源。

注：合适的操作电压和功率（也可选定恒功率）需要根据凝胶厚度和宽度选择。电泳时电压由低到高调整，以每隔 5～10min 增加一次，最后用恒压方式在 580～800V（或 1000V），聚焦 1.5～2h。

17.5.5　凝胶的固定、染色、脱色及保存

打开安全盖，将凝胶板取出，在玻璃板上滴少许水，用裁纸刀轻轻剥开凝胶，然后使凝胶面向下从玻璃板上脱落于大培养皿内，随即进行染色处理（银染方法见附录 A）。

注：如果没有 pI Marker 而要测定胶的 pH 曲线，则在电泳结束取出凝胶板后，立即沿电泳方向的侧边切下一条 1cm 宽胶条并取出以供测定 pH 用，如用微型表面 pH 电极顺序测定，也可每 0.5cm 分段切下，按序分别放入试管中，各加 1mL 蒸馏水抽提2～4h 后，用酸度计或精密 pH 试纸分别测定 pH，而玻璃板上的其他凝胶部分再剥离

随即进行染色处理。

染色步骤如下（以下步骤均需使用脱色摇床）：

（1）固定。用固定液固定 1h，固定后水漂洗 3 次。

（2）平衡。用脱色液浸泡平衡 0.5h。

（3）染色。用染色液染色 10～20min，染色后水漂洗 3 次。

（4）脱色。用脱色液脱色 2～3 次，1～2h/次。

（5）保存。待凝胶脱色至背景清晰透明后，置于保存液中 1h。

17.6　数据处理

pH 曲线与样品条带 pI 的测定：

（1）分别测量标准 pI Marker 各条带距阴极端的距离，以 pI 为纵坐标，距离为横坐标，绘出 pH 对距离的 pH 梯度标准曲线。

（2）分别测量各泳道样品条带距阴极端的距离，然后在 pH 梯度曲线上对应查出其相应的等电点。亦可用 Excel 作图处理。

（3）用凝胶电泳图像系统采集凝胶图像进行标准 pH 曲线测定和样品 pI 测定，以及进行纯度分析和归一化法含量测定。

（4）对于没有 pI Marker 而是采用切胶条测定 pH 的，则以测定的 pH 为纵坐标，相应的距离为横坐标，绘出 pH 对距离的 pH 梯度标准曲线，然后在 pH 梯度曲线上对应查出染色条带的等电点（但是要注意染色凝胶长度变化的校正，见前面管式凝胶等电聚焦所述）。

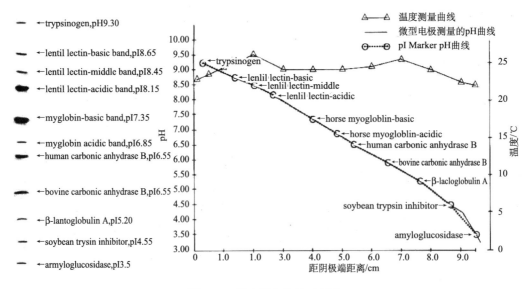

图 17-5　等电聚焦结果示意图

附注：

表 17-1　凝胶 IEF 使用不同 pH 范围两性载体的电极溶液选择表

两性载体 pH 范围	阳极	阴极
3.5～9.5	1mol/L 磷酸	1mol/L 氢氧化钠
2.5～4.5	1mol/L 磷酸	0.4mol/L HEPES
4.0～6.5	0.5mol/L 乙酸	0.5mol/L 氢氧化钠
5.0～8.0	0.5mol/L 乙酸	0.5mol/L 氢氧化钠
2.5～4.0	1mol/L 磷酸	2% 载体两性电解质 pH 6～8
3.5～5.2	1mol/L 磷酸	2% 载体两性电解质 pH 5～7
4.5～7	1mol/L 磷酸	1mol/L 氢氧化钠
5.5～7.7	2% 载体两性电解质 pH 4～6	1mol/L 氢氧化钠
6～8.5	2% 载体两性电解质 pH 4～6	1mol/L 氢氧化钠
7.8～10	2% 载体两性电解质 pH 4～6	1mol/L 氢氧化钠
3.5～9.5	0.5mol/乙酸	0.5mol/L NaOH
2.5～4.5	0.5mol/乙酸	0.4mol/L HEPES
4.5～6.5	0.5mol/L 乙酸	0.5mol/L NaOH
5.0～8.0	0.04mol/L 谷氨酸	0.5mol/L NaOH

实验 18　潜水式琼脂糖凝胶电泳

18.1　实验目的与要求

（1）了解潜水式琼脂糖凝胶电泳的原理。

（2）学习琼脂糖凝胶电泳的实验操作技术以及在核酸分析和测定方面的应用。

18.2　实验原理

琼脂糖凝胶电泳（agarose gel electrophoresis）主要是利用了大孔径琼脂糖凝胶的分子筛作用，以 DNA 片段的分子大小及形状差异而分离的一项常用核酸电泳技术。

核酸的等电点较低，DNA 和 RNA 分子中核苷酸残基之间磷酸基团的解离具有较低的 pK 值（pK＝1.5），在 pH＞8.0 时，核酸分子碱基几乎不解离，而磷酸基团（PO_4^{3-}）则全部解离，因而核酸分子会带上强负电荷。当采用适当浓度的大孔径琼脂糖凝胶进行电泳时，分子筛起了主导作用，这样分子大小和构象不同的核酸分子在电泳中，其迁移速度会产生较大差异，从而达到分离并可检测其分子大小的目的。

在电泳中，由于将琼脂糖凝胶完全浸没在电泳缓冲液之下约 1.0mm 处进行电泳，故称之为潜水式电泳（submarine electrophoresis，潜水可以防止胶面因电泳热量蒸发以及均衡电导和调节缓冲作用，见图 18-1）。琼脂糖凝胶电泳是基因工程最为常用的技术，主要用于分离、鉴定、纯化 DNA 片段和检测重组 DNA 分子，进行含量、分子质量测定以及不同大小 DNA 片段的分离、制备等。用溴化乙啶（EB）染色，EB 可以插入 DNA 双螺旋结构两个碱基之间，与核酸形成络合物，在紫外光（300nm，360nm）激发下，产生橙色荧光（590nm 可见光）条带，凝胶中含有 1.0μg 的 DNA，即可直接在紫外灯下可观察到核酸片段所在的位置。

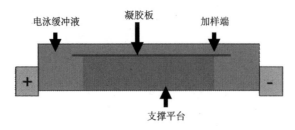

图 18-1　琼脂糖凝胶潜水电泳示意图

DNA 分子在凝胶中的电泳迁移率主要由以下几方面因素所决定：

（1）DNA 的分子大小。线状和超螺旋的 DNA 分子，其电泳迁移率与其分子质量的对数成正比。

（2）琼脂糖溶液浓度。一定大小的 DNA 片段在不同浓度的琼脂糖凝胶中的电泳迁移率是不相同的。要有效地分离不同大小 DNA 的片段，必须采用适当的琼脂糖凝胶浓度。不同大小的 DNA 片段与琼脂糖凝胶浓度的关系见表 18-1。

表 18-1　线状 DNA 片段大小与琼脂糖凝胶浓度关系表

琼脂糖凝胶浓度/％	可分辨的线状 DNA 大小范围/kb
0.3	5～60
0.6	1～20
0.7	0.8～10
0.9	0.5～7
1.2	0.4～6
1.5	0.2～3
2.0	0.1～2

（3）DNA 的形态。闭环超螺旋、开环和线状 DNA 分子其分子质量相同，在琼脂糖凝胶中的迁移率不同。在同一浓度的凝胶中，超螺旋 DNA 分子迁移率比线状 DNA 分子快，而线状 DNA 分子又比开环 DNA 分子快。

（4）电流强度。在低电压情况下，线状 DNA 分子的电泳迁移率与所用电压成正比。但是如果电压过高，电泳分辨率反而下降。为了获得满意的 DNA 片段分子效果，每厘米凝胶长度所使用的电压，一般不超过 5.0V。

18.3　实验仪器与器材

18.3.1　实验仪器

① 紫外灯观察箱及凝胶图像处理系统　　　② 磁力搅拌器
③ 水平电泳槽装置　　　　　　　　　　　④ 电泳仪
⑤ 水浴锅　　　　　　　　　　　　　　　⑥ 混合器
⑦ 电子天平　　　　　　　　　　　　　　⑧ 恒温水浴

18.3.2　实验器材

① 水平工作台　　　　　　　　　　　　　② 可调取液器
③ 微量注射器　　　　　　　　　　　　　④ 水平尺
⑤ 烧杯　　　　　　　　　　　　　　　　⑥ 量筒
⑦ 玻璃棒　　　　　　　　　　　　　　　⑧ 骨勺
⑨ 剪刀　　　　　　　　　　　　　　　　⑩ 镊子
⑪ 标签纸　　　　　　　　　　　　　　　⑫ 记号笔
⑬ 称量纸　　　　　　　　　　　　　　　⑭ 吸水纸
⑮ 保鲜膜

18.4　试剂与配制

18.4.1　试剂

(1) 三羟甲基氨基甲烷（Tris）。
(2) 溴酚蓝，二甲苯青。
(3) 溴化乙啶（EB）染料。
(4) 聚蔗糖（Ficoll 400）。
(5) 甘油。
(6) 质粒 DNA 样品。
(7) 琼脂糖。
(8) 硼酸。
(9) EDTA。

18.4.2　配制

1) TBE 电泳缓冲液（0.089mol/L Tris，0.089mol/L 硼酸，0.0024mol/L EDTA，pH 8.5）的配制

分别称取 Tris 10.7g，硼酸 5.5g，EDTA 0.89g，用蒸馏水定容至 1000.0mL，溶解混匀即可。

2) 0.01% EB 染料溶液

3) 0.1mol/L EDTA 溶液

4) 样品指示剂

50%甘油（或 40% Ficoll 400），1mmol/L EDTA，0.4%溴酚蓝，0.4%二甲苯青溶液（在琼脂糖凝胶电泳中，溴酚蓝的移动速率约为二甲苯青的 2.2 倍，溴酚蓝的泳动速率约与长 500bp 的双链线状 DNA 相同）。

5) 2%的琼脂糖溶液的配制

称取琼脂糖 2.0g，加蒸馏水 100mL，用微波炉加热至（沸腾）溶化，放置在 80℃水浴中保温，备用。

6) 1.0%琼脂糖凝胶溶液的配制（使用时现配）

称取琼脂糖 2.0g 于一烧杯中，加 TBE 缓冲液 200.0mL，用微波炉或沸水浴加热至全溶（透明）后，冷却至 60℃，加 0.01% EB 染料溶液 2.0mL，混匀，放置在 60℃水浴中保温，备用。（如果不在胶中加 EB，可在电泳结束后取出凝胶，放入 0.5μg/mL 的溴化乙啶溶液中染色 10～15min，清水漂洗后置于紫外透射仪上，观察电泳结果）

　　特别提醒：EB 是一种强致癌化合物，在整个实验中应避免皮肤与 EB 直接接触，可戴一次性手套，用过的手套要及时翻过来，让沾有溴化乙啶的面朝里。另外，应避免将 EB 溶液沾染到实验台桌及其他器皿。

　　注：EB 的简单处理方法：加入大量的水进行稀释（达到 0.5mg/mL 以下），然后加入 0.2 倍体积新鲜配制的 5% 次磷酸（由 50% 次磷酸配制而成）和 0.12 倍体积新鲜配制的 0.5mol/L 的亚硝酸钠，小心混匀，pH<3.0，放置 1 天后，加入非常过量的 1mol/L 碳酸氢钠后丢弃。如此处理后的 EB 的诱变活性可降至原来的 1/200 左右。

　　7）测试样品溶液

　　DNA Marker、质粒 DNA 及 RNA 等测试样品。

18.5　实验步骤

18.5.1　制胶板（其他形式的电泳槽按照说明书制胶板）

　　（1）将电泳槽装置置于调好水平的工作台面上，然后，将电泳槽两端的围板按要求固定在半槽的两端，使其形成一个完整的平板凹槽。并用 2% 的琼脂糖溶液密封固定在半槽两端的围板底部，使其整个凹槽不渗漏。参见图 18-2。

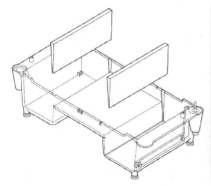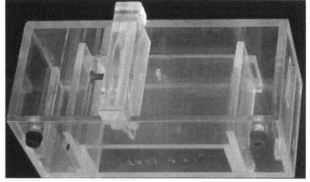

图 18-2　潜水凝胶电泳槽装配示意图

　　（2）在固定围板一端 1.5cm 处，垂直放上加样梳齿，并与固定围板端相平行，注意观察梳子齿下缘应与胶槽底面保持 1mm 左右的间隙（梳齿与底板间隙可通过固定螺丝调节）。

　　（3）将置于 60℃ 水浴中保温的 1.0% 琼脂糖溶液取出并倒入平板凹槽内，凝胶厚度为 2～3mm。倒胶时，要避免产生气泡。室温下，直至琼脂糖凝胶完全凝固。

　　（4）待琼脂糖凝胶完全凝固后，轻轻拔出梳齿和固定在半槽两端的围板。

18.5.2　加样

　　（1）在电泳槽内倒入 TBE 缓冲液直至液面浸没有机玻璃板，但液面不可超出琼脂糖凝胶面。

（2）在 10μL DNA 样品中加 3μL 上述配制的样品指示剂，混匀后用微量注射器吸取样品直接加入样品槽内。每一加样槽中可加 5～10μL 样液，Marker 另加，样液不可超出凝胶主平面且必须完全溶解。

18.5.3　电泳

将电泳槽电极近样品端接电泳仪负极，另一端接正极，接通电源，以 3V/cm 进行电泳，待样品完全进入凝胶后（可通过指示染料来观察），再加 TBE 缓冲液使琼脂糖凝胶完全浸没在电泳缓冲液之下约 2mm 处，进行电泳，电压为 5V/cm，当溴酚蓝移动到距离胶板下沿约 1cm 处时，停止电泳。

18.6　数据处理

电泳后，戴手套将凝胶板置于紫外灯观察箱，通过紫外灯观察箱玻璃观察目镜，在紫外灯透射下，观察显示出的荧光条带并记录结果。采用凝胶图像处理系统在计算机上采集图像并进行数据处理。最后根据电泳所出现的区带，测量和记录标准品和样品中各条带的迁移距离（mm）或相对迁移率 R_m，以标准品中的各条带的迁移距离（mm）为横坐标，以相对应的分子质量对数（lg bp）为纵坐标，绘制分子质量标准曲线，并从标准曲线图上查出样品的分子质量。数据处理另可采用半对数坐标纸的作图方式，或采用 Excel 线性回归的方法计算结果。采用凝胶图像处理系统对电泳结果进行数码拍照和数据处理。结果参考图 18-3。

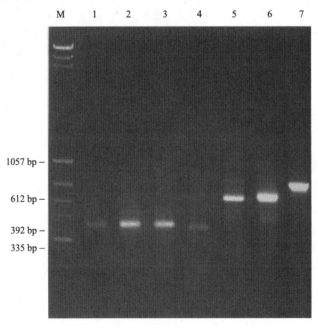

图 18-3　DNA 片段琼脂糖凝胶电泳结果

附注：DNA 的 PAGE 与琼脂糖凝胶电泳的比较

PAGE	琼脂糖凝胶电泳
5～500bp（Δ1bp）	200～50kbp
>10ng	<10ng
不易操作和制备	易操作和制备
回收率低（但纯度高）	回收率高
不可用碱变性条件	可用碱变性条件

18.7　思考题

（1）琼脂糖凝胶电泳的影响因素有哪些？

（2）为什么可以用琼脂糖凝胶电泳进行 DNA 的分子质量测定？

（3）如何制备经过电泳分离或纯化的 DNA 片段？

实验 19 印迹转移电泳

19.1 实验目的与要求

（1）了解与学习印迹转移电泳的原理和实验方法。

（2）采用 Western Blotting 的方法，将 SDS-PAGE 分离后的凝胶进行半干胶式印迹转移电泳，掌握和熟悉使用该方法在转移膜上进行专业性和非专业性测定蛋白质的具体实验操作和应用。

19.2 实验原理

印迹转移（blotting）就是把从电泳后支持介质上被分离的蛋白质或 DNA 再转移到另一种固定介质上的过程，转移后再对固定介质上的生物分子进行检测。把从电泳后凝胶上被分离的蛋白质再采用电泳的方法转移到膜上的过程称为印迹转移电泳（electrophoretic blotting）。

在 SDS-PAGE、PAGE 或 IEF 等凝胶电泳后，由于大部分蛋白质分子被嵌在凝胶中，影响了与专业性检测试剂（或探针分子）结合的灵敏度。另外，由于区带扩散现象的存在而影响了分辨率造成对测定的干扰。印迹转移电泳具有以下优点：

（1）提高了检测灵敏度。使转移到膜上的蛋白质分子更多，更容易与检测试剂结合。

（2）提高了检测分辨率。转移到膜上检测的蛋白质条带不会扩散。

（3）提高了检测灵活性。可以对转移到膜上的蛋白质进行多种分析。如非专业性染色，或利用特异性抗体作为探针，对靶物质进行专业检测，可以对提取、发酵、基因表达、层析分离液中的目标蛋白质进行专业性鉴定。测定中可保持其天然构象和生物学活性，排除干扰物质，完成在凝胶中难以进行的各种生物实验。

（4）提高了检测效率。可以缩短检测时间，减少试剂消耗，固定膜易操作和保存，可回收膜上样品。

印迹转移的方式一般有：点印迹（dot blotting）、扩散印迹（diffusing blotting）、溶剂流印迹（solvent blotting）、电泳印迹（electrophoretic blotting）。

根据分析样品的不同分类有：

（1）用于蛋白质分析的 Western Blotting（蛋白质单向电泳后印迹转移），Eastern Blotting（蛋白质双向电泳后印迹转移）。

（2）用于核酸分析的 Southern Blotting（DNA 印迹），Northern Blotting（RNA 印迹）。

印迹转移电泳有潜水式（或湿式）和半干胶式，半干胶式有电极缓冲液用量非常少、转移时间短（一般为 10～60min）、转移效率高（转移率 40%～90%）、操作方便的特点。转移膜有硝基纤维素（NC）膜、尼龙膜和聚偏二氟乙烯（PVDF）膜等，转移到 PVDF 膜上的蛋白质条带可以进行微量测序。关于印迹转移的其他方法，详由理论课讲解。

本实验采用 Western Blotting 进行蛋白质的半干胶式印迹转移电泳实验。转移后的专业鉴定参见图 19-1。

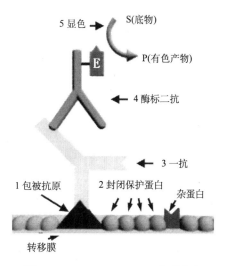

图 19-1　Western Blotting 酶联免疫专业显色反应（间接法）示意图

19.3　实验仪器与器材

19.3.1　实验仪器

　① 半干胶式水平转移电泳槽：15cm×15cm　　② 转移电泳仪
　③ 磁力搅拌器　　④ 冰箱
　⑤ 恒温箱　　⑥ 混合器
　⑦ 电子天平　　⑧ 恒温水浴
　⑨ 凝胶图像分析系统

19.3.2　实验器材

　① 搪瓷盘　　② 可调取液器
　③ 微量注射器　　④ 洗瓶
　⑤ 烧杯　　⑥ 量筒
　⑦ 玻璃棒　　⑧ 骨勺
　⑨ 剪刀　　⑩ 镊子
　⑪ 标签纸　　⑫ 记号笔
　⑬ 称量纸　　⑭ 滤纸
　⑮ 乳胶手套　　⑯ 保鲜膜
　⑰ 硝基纤维素膜（NC膜）

19.4　试剂与配制

19.4.1　实验试剂

(1) 三羟甲基氨基甲烷（Tris）。

(2) 甘氨酸（Gly）。

(3) 甲醇。

(4) 盐酸。

(5) 冰醋酸。

(6) 考马斯亮蓝 G250。

(7) 抗人白蛋白抗体（简称一抗）。

(8) 辣根过氧化物酶标抗 IgG 抗体（简称酶标二抗）。

(9) 白明胶 gelatin（或牛血清白蛋白，BSA）。

(10) 吐温 20。

(11) 氯化钠。

(12) 柠檬酸，柠檬酸钠。

(13) 邻苯二胺。

(14) 双氧水（H_2O_2）。

(15) 人白蛋白测试品（抗原）。

注：需注意抗原、一抗和酶标二抗的宿主动物关系。

19.4.2　试剂配制

1) 电转移缓冲液：25mmol/L，pH 8.3 Tris-HCl，192mmol/L 甘氨酸，20％甲醇（体积分数）

分别称取 Tris 3.0 g，甘氨酸 14.4 g 于烧杯中，加蒸馏水约 700mL 溶解，然后用 1.0mol/L HCl 溶液调至 pH 8.3，加甲醇 200mL，最后补加蒸馏水定容至 1000.0mL，混匀即可。

2) 染色溶液的配制

考马斯亮蓝 G250 溶解液的配制：先配制冰醋酸：甲醇：蒸馏水（体积比 9.0：45.5：45.5）＝100mL，称取考马斯亮蓝 G250 250mg，加入上述溶液中溶解即可。

3) 脱色溶液的配制

冰醋酸：甲醇：蒸馏水＝7.5：5.0：87.5（体积比），配制 200mL。

4) TBS 缓冲液

20mmol/L，pH 7.5 Tris-HCl 含 0.5mol/L NaCl 缓冲液。

5）封闭液（保护液）

3％白明胶（或 3％ BSA，或 5％脱脂奶粉），用 TBS 缓冲液溶解。

6）洗涤液（TBST）

含 0.05％吐温 20 的 TBS（取 TBS 缓冲液加入 0.05％吐温 20）。

7）一抗（抗人白蛋白抗体）

用洗涤液（TBST）稀释，稀释度由实验时确定。

8）酶标二抗（辣根过氧化物酶酶标 IgG 抗体）

用洗涤液（TBST）稀释，稀释度由实验时确定。

9）底物溶液（现用现配，避光保存）

0.1mol/L，pH 5.0 柠檬酸缓冲液 20mL，蒸馏水 20mL，邻苯二胺 18mg，30％双氧水 20μL（以上溶液混匀后，有沉淀需过滤）。

10）测定抗原人白蛋白（HSA）测试品

利用前面垂直平板电泳（SDS-PAGE 或 PAGE）对人白蛋白（HSA）和人血清经过电泳分离后的凝胶板接此实验直接进行转移测定。

注：由于批号不同，一抗、酶标二抗的合适稀释度由实验时确定。

19.5　实验步骤

19.5.1　抗原蛋白质的电泳分离

本实验采用前面人白蛋白（HSA）、人血清样品经过 SDS-PAGE 垂直平板电泳分离后的凝胶板接此实验直接进行转移测定。垂直平板 SDS-PAGE（或 PAGE）请参考实验 14（或实验 13）。

注：本实验前期的 SDS-PAGE（或 PAGE）垂直平板电泳的分离样品必须有人白蛋白。如果是其他蛋白质则需换用该蛋白质的一抗进行测定。

对于原来 SDS-PAGE 8 个加样齿孔的顺序应如下所示：

加样齿孔号（lane）　　1　　2　　　3　　　4　　　5　　　6　　　7　　　8

样品（sample）　　　M　BSA　HSA　HS　　M　BSA　HSA　HS

其中，M 表示分子质量 Marker，BSA 表示牛血清白蛋白，HSA 表示人白蛋白，HS 表示人血清。（左边 4 个和右边 4 个所加样品一样）

19.5.2 半干胶式印迹转移电泳

1) 准备半干胶式电泳槽和预处理膜

当 SDS-PAGE（或 PAGE）垂直平板电泳即将结束时，将半干胶式电泳槽（参考图 19-2）上、下两块石墨板用蒸馏水洗净并用滤纸吸去水液。

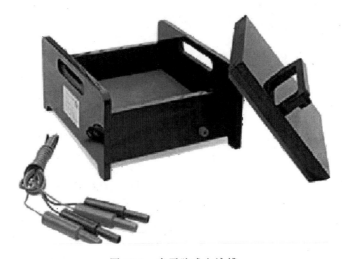

图 19-2 半干胶式电泳槽

注：石墨板很容易划伤，应该避免表面与硬物接触。

戴上手套，事先裁剪一张比电泳凝胶稍大的 NC 膜，轻轻漂浮于小盘（或培养皿）中盛有适量电转移缓冲液的液面上，借助膜的毛细管作用使之从下往上完全浸润后，再浸没于溶液中浸泡 5～10min，以驱除膜上的气泡，待用时再取出准确裁剪。

2）取胶及裁剪滤纸和 NC 膜

戴上手套，按照常规方法将电泳分离结束的凝胶板取出并精确量取尺寸（根据经验亦可切去浓缩胶和分离胶无样品的部分），用剪刀裁剪 12 张与所需转移的凝胶尺寸大小完全一样的滤纸和一张事先浸泡的硝基纤维素膜（在 NC 膜一角用铅笔做一记号，以便以后辨别方向）。

注：滤纸和 NC 膜面积如果大于凝胶板或不吻合，滤纸和 NC 膜伸出的边缘可能会接触造成电流短路而使蛋白质不能从凝胶向膜上转移。另外，拿取凝胶、滤纸及膜等均需佩戴手套，以防止污染凝胶和膜。

3）摆放下层电极滤纸

取 6 张已经裁剪并整齐叠放的滤纸，为避免气泡的影响，操作时拿住滤纸上端，让下端先轻轻平放入装有电转移缓冲液的小盘中，然后跟着滤纸毛细管吸水润湿的速度轻轻顺势斜放入溶液中完全浸没（参考图 19-3）。

图 19-3　摆放滤纸示意图

　　取出浸透电转移缓冲液的滤纸，稍沥干水滴后，平放于下层石墨电极面的正中位置上（参考图 19-4）。

　　4）摆放 NC 膜

　　取出浸泡和裁剪好的硝基纤维素膜（NC 膜），精确对准放到上述摆放好的滤纸上（参考图 19-4）。

图 19-4　摆放 NC 膜示意图

　　5）摆放凝胶

　　取出电泳分离后的凝胶，在培养皿中用电转移缓冲液漂洗 2 次，沥去水，将凝胶板精确对准放到上述摆放好的 NC 膜上（为防止短路，凝胶板不能被切角和残缺，另外，凝胶摆放后不得再移位）。

6）摆放顶层滤纸

另取 6 张已经裁剪并整齐叠放的滤纸，按照上面所述的方法浸透电转移缓冲液后，稍沥干水滴，精确对准放到上述摆放好的凝胶板上。

注：每次摆放后如有气泡需用戴手套的手指轻轻抹去（参考图 19-5）。

图 19-5　驱除气泡示意图

7）摆放上端石墨电极板

将上端石墨电极板石墨面朝下，轻轻准确放到顶层滤纸上（参考图 19-6）。

图 19-6　摆放上端石墨电极板示意图

8) 印迹转移电泳

将印迹转移电泳槽连接至转移电泳仪，上电极接负极，下电极接正极，接通电源，以凝胶面积 $0.65mA/cm^2$ 电泳转移 $30\sim60min$（以恒流方式电泳，时间可根据转移后鉴定情况再作调整）。

9) 结束电泳

转移电泳结束后，关闭电泳仪电源，轻轻移去上端电极板，取出 NC 膜和凝胶准备鉴定，将上、下端石墨电极板用蒸馏水小心清洗干净。

19.5.3　印迹转移鉴定

1) 总蛋白质鉴定（非专业染色）

（1）将取出的 NC 膜沿原凝胶垂直电泳方向对半剪成两张膜（两张泳道加样完全一样），留一张膜专业染色用。

（2）将其中一张膜放入考马斯亮蓝染色液染色 $10\sim20min$。然后常规脱色 3 次，直至条带清晰。（也可用含 0.2％丽春红的 3％冰醋酸水溶液染 NC 膜，观察转移结果和标准蛋白质位置）

2) 转移效率检查

将取出的凝胶板参照 SDS-PAGE 进行常规考马斯亮蓝染色、脱色，直至条带可见。

3) 专业染色

（1）洗涤

取另一张专业染色用的 NC 膜，置于合适的小盒槽中，用 TBS 缓冲液漂洗 3 次，每次 5min。

（2）封闭（保护）

将 NC 膜浸入封闭液中振荡 1h 或 4℃过夜。

（3）洗涤

用洗涤液（TBST）振荡漂洗 3 次，每次 10min。

（4）加一抗

将 NC 膜浸入一抗溶液中振荡 1h 或 4℃过夜。

（5）洗涤

用洗涤液（TBST）振荡漂洗 3 次，每次 10min。

（6）加酶标二抗

将 NC 膜浸入酶标二抗溶液中振荡 $1\sim2h$。

（7）洗涤

用洗涤液（TBST）振荡漂洗 3 次，每次 10min。

（8）洗涤

用 TBS 缓冲液振荡漂洗 3 次，每次 5min。

（9）加底物显色

将 NC 膜浸入底物溶液中振荡 1～4h，直至条带清晰。

（10）终止反应

将 NC 膜浸入蒸馏水中振荡漂洗 3 次，每次 5min。

注：与抗体反应步骤，亦可将 NC 膜放入塑封机封口的杂交袋中与抗体反应，这样所需抗体用量很少。

19.6　数据处理

根据非专业性和专业性染色的结果观察，分析两张 NC 膜的差别，对应找出非专业性染色 NC 膜上的目标蛋白质条带（如是 PVDF 膜则可剪下微量测序等用）。根据非专业性染色的 NC 膜和印迹转移电泳后染色的凝胶进行对照比较，观察转移效率即蛋白质残留在凝胶上的情况。将非专业性染色的 NC 膜用凝胶图像处理系统处理，进行人白蛋白样品的归一化法相对含量分析。

19.7　思考题

（1）印迹转移电泳具有哪些优点？

（2）何谓印迹转移电泳的非专业性染色和专业性染色？

（3）在本实验的专业性染色中，对不同的目标蛋白质必须使用不同的一抗吗？酶标二抗可以通用吗？

（4）如何对一张膜上不同泳道的目标蛋白质分别进行专业性染色？

（5）本实验中配制的封闭液起何作用？

（6）电转移缓冲液中含有的 20% 甲醇起何作用？

实验 20　酶联免疫吸附测定

20.1　实验目的与要求

（1）了解与学习酶联免疫吸附测定的原理和方法。
（2）掌握和熟悉 ELISA 的具体实验操作和应用。

20.2　实验原理

　　酶联免疫吸附测定（enzyme-linked immunosorbent assay，ELISA）是将固相载体吸附技术和免疫酶测定技术相结合的一类分析方法。免疫酶技术是将抗原抗体的免疫反应和酶的高效催化作用有机地结合起来，可用于抗原或抗体的定性和定量测定，其灵敏度接近或相当于放射免疫测定的水平，具有很强的专一性，可以对提取、发酵、基因表达、层析分离液中的目标蛋白质进行专业性鉴定。

　　ELISA 一般有 4 种测定方法，即直接法、间接法、双抗体夹心法和竞争法，本实验采用双抗体夹心法和间接法进行 ELISA 测定。

（一）双抗体夹心法 ELISA 测定实验

　　双抗体夹心法 ELISA 的方法是：先将特异性抗体吸附在孔状的固体支持物表面（如聚苯乙烯反应板），经保温孵育、洗涤和保护后，再加相应的待测抗原，经保温孵育、洗涤后，再加相应的特异性酶标抗体，经保温孵育、洗涤后，最后加入底物生成有色产物，通过测定有色产物光吸收，可进行抗原的定性或定量测定。双抗体夹心法测定的抗原必须有两个可以与抗体结合的部位，因为其一端要与包被于固相载体上的抗体作用，而另一端则要与酶标记特异性抗体作用。因此，不能用于分子质量小于 5000Da 的半抗原之类的抗原测定。

　　双抗体夹心法 ELISA 流程：

特异性抗体吸附于载体表面（包被）

↓ 保温孵育

PBST 洗涤

↓

封闭（保护）

↓ 保温孵育

PBST 洗涤

↓

加被测定的抗原

$\downarrow$ 保温孵育

PBST 洗涤

$\downarrow$

加特异性酶标抗体

$\downarrow$ 保温孵育

PBST 洗涤

$\downarrow$

加酶底物产生颜色反应

$\downarrow$ 保温孵育

测定光吸收

20.3　实验仪器与器材

20.3.1　实验仪器

① 酶联免疫测定仪（酶标仪）　　② 磁力搅拌器

③ 冰箱　　　　　　　　　　　　④ 恒温箱

⑤ 水浴锅　　　　　　　　　　　⑥ 混合器

⑦ 电子天平　　　　　　　　　　⑧ 恒温水浴

20.3.2　实验器材

① 聚苯乙烯反应板（12 孔）　　　② 可调取液器

③ 微量注射器　　　　　　　　　④ 洗瓶

⑤ 烧杯　　　　　　　　　　　　⑥ 量筒

⑦ 玻璃棒　　　　　　　　　　　⑧ 骨勺

⑨ 剪刀　　　　　　　　　　　　⑩ 镊子

⑪ 标签纸　　　　　　　　　　　⑫ 记号笔

⑬ 称量纸　　　　　　　　　　　⑭ 吸水纸

⑮ 保鲜膜

20.4　试剂与配制

20.4.1　实验试剂

（1）抗 α-HCG 单克隆抗体。

（2）辣根过氧化物酶酶标抗 β-HCG 单克隆抗体。

（3）碳酸钠，碳酸氢钠。

（4）叠氮化钠（NaN_3）（有毒性）。

（5）牛血清白蛋白（BSA）。

（6）磷酸氢二钠，磷酸二氢钠。

（7）吐温 20。

（8）氯化钠。

（9）硫酸。

（10）柠檬酸，柠檬酸钠。

（11）邻苯二胺（OPD）。

（12）双氧水（H_2O_2）。

（13）HCG 标准品及测试品（抗原）。

20.4.2 试剂配制

1）包被缓冲液

0.05mol/L，pH 9.5 碳酸盐缓冲液＋0.02％NaN₃。

2）抗 α-HCG 单克隆抗体

用包被缓冲液稀释，稀释度由实验时确定。

3）封闭液（保护液）

10mg/mL BSA（用包被缓冲液溶解）。

4）PBST 洗涤液

0.01mol/L，pH 7.4 磷酸缓冲液含 0.05％吐温 20 和 0.9％NaCl。

5）辣根过氧化物酶标抗 β-HCG 单克隆抗体

用 PBST 洗涤液稀释，稀释度由实验时确定。

6）终止溶液：1mol/L 硫酸溶液

7）底物溶液（现用现配，避光保存）

0.1mol/L，pH 5.0 柠檬酸缓冲液 20mL，蒸馏水 20mL，邻苯二胺 18mg，30％双氧水 20μL（以上溶液混匀后，有沉淀需过滤）。

8）测定抗原 HCG 标准品和测试品

取 HCG 标准品用 PBST 洗涤液稀释成合适的 6 个已知浓度和活力单位的标准品样品；测试品由实验时提供。

注：由于批号不同，α-HCG 单抗、酶标 β-HCG 单抗和 HCG 标准品和测试品的合适稀释度由实验时确定。

20.5　实验步骤

1）抗体包被

将 α-HCG 单抗用包被缓冲液按要求稀释后，用取液器吸取 100μL 分别加入待测的聚苯乙烯反应板的小孔内，盖上盒盖（或包上保鲜膜），置 4℃冰箱内包被过液。

2）洗涤

次日甩去反应板各孔内的包被液。用滴管吸取 PBST 洗涤液加满各包被小孔，1min 后甩去 PBST，如此重复用 PBST 洗涤液洗涤各小孔 3 次（每次需甩干各小孔内残液，再倒扣在吸水纸上敲打）。

3）封闭（保护）

用取液器吸取 200μL 保护液分别加入反应板的各包被小孔内。置 37℃保温孵育 1h 后，甩去保护液。

4）洗涤 3 次

洗涤操作同前。

5）加测定抗原

在第 1 孔（0 号）内加入 100μL 保护液作为空白对照，其余各孔分别加入 100μL 用 PBST 稀释的标准 HCG 样品和待测 HCG 样品（加样位置见图 20-2），将此板置 37℃，保温孵育 30min 后，甩去小孔内溶液。

6）洗涤 3 次

洗涤操作同前。

7）加酶标抗体

在所有测定小孔内分别加入用 PBST 稀释合适的 100μL 抗 β-HCG 酶标单抗，置 37℃，保温孵育 30min 后，甩去小孔内溶液。

8）洗涤 3 次

洗涤操作同前。

9）加底物溶液

在所有测定小孔内分别加入 100μL 底物溶液，置 37℃，保温 15min。

10）加终止反应液

在所有测定小孔内分别加入 1mol/L 硫酸溶液 100μL。

11）测定 $A_{492\mathrm{nm}}$ 光吸收

以第 1 孔（0 号）作为空白对照，用酶标仪测定其他各孔的 $A_{492\mathrm{nm}}$ 光吸收值（或通过观察颜色反应，进行定性测定）。

20.6   数据处理

以标准 HCG 各孔测得的光吸收为纵坐标，以含量或活力单位为横坐标，绘出标准曲线，根据待测 HCG 样品的光吸收在标准曲线上查出其相应的含量或活力单位。

（二）间接法 ELISA 测定实验

间接法 ELISA 的方法是：先将待测抗原吸附在孔状的固体支持物表面（如聚苯乙烯反应板），经保温孵育、洗涤和保护后，再加相应的特异性抗体（一抗），经保温孵育、洗涤后，再加酶标抗 IgG 抗体（酶标二抗），经保温孵育、洗涤后，最后加入底物生成有色产物，通过测定有色产物光吸收，可进行抗原、抗体的定性或定量测定。商品化的酶标二抗很方便选用，因此间接法 ELISA 的测定更具有方便性（参见图 20-1）。

间接法 ELISA 流程：

被测定的抗原吸附于载体表面（包被）

↓保温孵育

PBST 洗涤

↓

封闭（保护）

↓保温孵育

PBST 洗涤

↓

加特异抗体（一抗）

↓保温孵育

PBST 洗涤

↓

加酶标抗体（酶标二抗）

↓保温孵育

PBST 洗涤

↓

加酶底物产生颜色反应

↓保温孵育

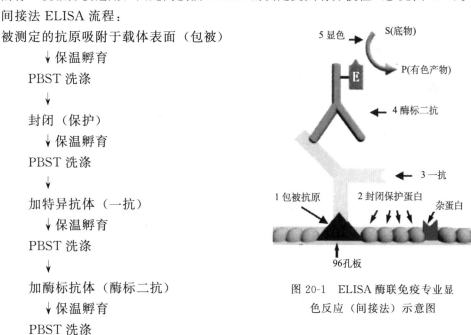

图 20-1   ELISA 酶联免疫专业显色反应（间接法）示意图

测定光吸收

20.7　实验仪器与器材

20.7.1　实验仪器

① 酶联免疫测定仪（酶标仪）　　② 磁力搅拌器
③ 冰箱　　　　　　　　　　　　④ 恒温箱
⑤ 水浴锅　　　　　　　　　　　⑥ 混合器
⑦ 电子天平　　　　　　　　　　⑧ 恒温水浴

20.7.2　实验器材

① 聚苯乙烯反应板：12 孔或 96 孔　　② 可调取液器
③ 微量注射器　　　　　　　　　　　　④ 洗瓶
⑤ 烧杯　　　　　　　　　　　　　　　⑥ 量筒
⑦ 玻璃棒　　　　　　　　　　　　　　⑧ 骨勺
⑨ 剪刀　　　　　　　　　　　　　　　⑩ 镊子
⑪ 标签纸　　　　　　　　　　　　　　⑫ 记号笔
⑬ 称量纸　　　　　　　　　　　　　　⑭ 吸水纸
⑮ 保鲜膜

20.8　试剂与配制

20.8.1　实验试剂

（1）抗人白蛋白抗体（简称一抗）。
（2）辣根过氧化物酶酶标抗 IgG 抗体（简称酶标二抗）。
（3）碳酸钠，碳酸氢钠。
（4）叠氮化钠（NaN_3）。
（5）牛血清白蛋白（BSA）。
（6）磷酸氢二钠，磷酸二氢钠。
（7）吐温 20。
（8）氯化钠。
（9）硫酸。
（10）柠檬酸，柠檬酸钠。
（11）邻苯二胺。
（12）双氧水（H_2O_2）。
（13）人白蛋白标准品及测试品（抗原）。
注：需注意抗原、一抗和酶标二抗的宿主动物关系。

20.8.2　试剂配制

1）包被缓冲液

0.05mol/L，pH 9.5 碳酸盐缓冲液＋0.02% NaN_3。

2）封闭液（保护液）

10mg/mL BSA（用包被缓冲液溶解）。

3）PBST 洗涤液

0.01mol/L，pH 7.4 磷酸缓冲液含 0.05% 吐温 20 和 0.9%NaCl。

4）一抗（抗人白蛋白抗体）

用 PBST 洗涤液稀释，稀释度由实验时确定。

5）酶标二抗（辣根过氧化物酶标抗 IgG 抗体）

用 PBST 洗涤液稀释，稀释度由实验时确定。

6）终止溶液：1mol/L 硫酸溶液

7）底物溶液（现用现配，避光保存）

0.1mol/L，pH 5.0 柠檬酸缓冲液 20mL，蒸馏水 20mL，邻苯二胺 18mg，30% 双氧水 20μL（以上溶液混匀后，有沉淀需过滤）。

8）测定抗原人白蛋白（HSA）标准品和测试品

取 HSA 标准品用包被缓冲液稀释成合适的 6 个已知浓度的标准品样品；测试品由实验时提供。

注：由于批号不同，一抗、酶标二抗和 HSA 标准品和测试品的合适稀释度由实验时确定。

20.9　实验步骤

1）被测定抗原包被

在第 1 孔（0 号）内加入 100μL 保护液作为空白对照，将测定的人白蛋白（HSA）标准品和测试品用包被缓冲液按要求稀释后，用取液器吸取 100μL 分别按照编号（见图 20-2）加入待测的聚苯乙烯反应板的小孔内，盖上盒盖（或包上保鲜膜），置 4℃冰箱内包被 12h（或过夜）。

图 20-2   ELISA 加样位置示意图

0 号为空白；1～6 号为标准；7～11 号为测试品（如测试样品多，可改
用 96 孔板测定）

2）洗涤

次日甩去反应板各孔内的包被液。用滴管吸取 PBST 洗涤液加满各包被小孔，1min 后甩去 PBST，如此重复用 PBST 洗涤液洗涤各小孔 3 次（每次需甩干各小孔内残液，再倒扣在吸水纸上敲打）。

3）封闭（保护）

用取液器吸取 200μL 保护液分别加入反应板的各包被小孔内。置 37℃保温孵育 1h 后，甩去保护液。

4）洗涤 3 次

洗涤操作同前。

5）加一抗

在所有测定小孔内分别加入用 PBST 稀释合适的一抗 100μL，置 37℃，保温孵育 1h 后，甩去小孔内溶液。

6）洗涤 3 次

洗涤操作同前。

7）加酶标抗体

在所有测定小孔内分别加入用 PBST 稀释合适的酶标二抗 100μL，置 37℃，保温孵育 1h 后，甩去小孔内溶液。

8）洗涤 3 次

洗涤操作同前。

9）加底物溶液

在所有测定小孔内分别加入 100μL 底物溶液，置 37℃，保温 15min。

10）加终止反应液

在所有测定小孔内分别加入 1mol/L 硫酸溶液 100μL。

11）测定光吸收

以第 1 孔（0 号）作为空白对照，用酶标仪测定其他各孔的 A_{492nm} 光吸收值（或通过观察颜色反应，进行定性测定）。

20.10   数据处理

以标准 HSA 各孔测得的光吸收为纵坐标，以含量为横坐标，绘出标准曲线，根据待测 HSA 样品的光吸收在标准曲线上查出其相应的含量。

20.11   思考题

（1）在 ELISA 测定中保护（即封闭）步骤的作用是什么？

（2）在间接法 ELISA 测定中，如何定性、定量测定抗体？

（3）测定中调整抗原、抗体稀释度的目的是什么？

（4）在间接法 ELISA 测定中，酶标抗 IgG 抗体（酶标二抗）的应用有何特点？

（5）在配对抗原、抗体时为何要注意之间的宿主动物关系？

（6）本书中哪些方法可以对提取、发酵、基因表达、层析分离液中的目标蛋白质进行专业性鉴定？

二　综合实验部分

实验 21 蔗糖酶的综合分离纯化及其性质鉴定

21.1 实验目的与要求

(1) 通过对蔗糖酶不同提取和分离条件的比较，学习整体实验方案的设计及条件优化的探索。

(2) 开展多种实验方法的综合应用，体验系统性研究的过程。

注：本实验为衔接发酵工程或基因工程制备蔗糖酶综合实验的下游分离纯化部分，亦可独立作为下游综合实验。

21.2 实验原理

蔗糖酶（sucrase，EC 3.2.1.26）又称转化酶（invertase）。蔗糖在蔗糖酶的作用下，水解为葡萄糖和果糖，还原力增加；又由于生成果糖，甜度增加，其甜度是蔗糖的 $1.3\sim1.6$ 倍。

按水解蔗糖的方式，蔗糖酶可分为从果糖末端切开蔗糖的 β-D-呋喃果糖苷酶（β-D-fructofuranosidase，EC 3.2.1.26 ）和从葡萄糖末端切开蔗糖的 α-D-葡萄糖苷酶（α-D-glucosidase，EC 3.2.1.20）。前者存在于酵母中，后者存在于霉菌中。工业上多从酵母中提取。酵母蔗糖酶对蔗糖专一催化水解的作用如图 21-1 所示（每水解 1mol 蔗糖生成 2mol 还原糖，即 1mol 果糖和 1mol 葡萄糖）。

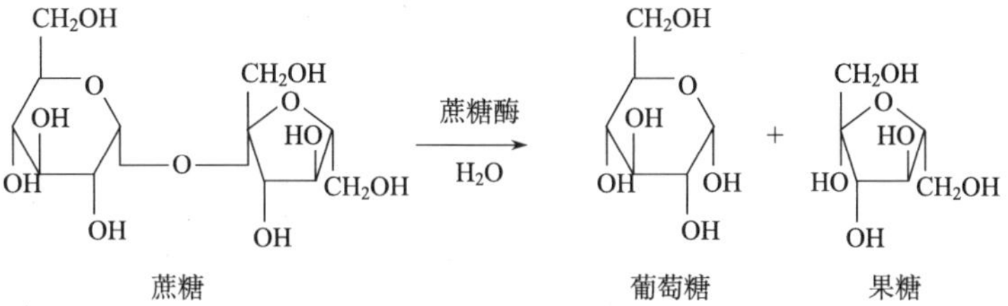

图 21-1 酵母蔗糖酶对蔗糖专一催化水解作用示意图

蔗糖酶在工业上用以转化蔗糖，增加甜味。其中果葡糖浆以独特风味、口感、发酵能力而被大量地应用于食品工业中（如饮料、面包、糕点、罐头、糖果等），高果糖含量的产品还可以应用于一些疗效食品和医疗品中。早期的果葡糖浆生产是以酸水解为主要工艺，采用酸水解蔗糖的方法生产果葡糖浆有反应条件剧烈、产物易分解或聚合、精制工艺复杂、色泽难以去除等弊端；而采用生物酶解法则可大大地克服上述缺点。目前生物酶解法生产，已有中转化和全转化蔗糖生产果葡糖浆的方法，可实现工业化生产果葡糖浆。由于对蔗糖酶的大量需求，如何优化生产蔗糖酶，这一目标的实现依赖于对蔗糖酶高产菌的选育或采用基因工程以及对蔗糖酶分离、纯化方法的改进。

为了配合蔗糖酶高产菌选育以及探索蔗糖酶提取和制备的优化方法，本实验的目的在于用不同的方法提取酵母菌中的蔗糖酶，比较其酶活力，以探索蔗糖酶的有效分离、纯化方法，并确定最佳的提取条件，以进行综合实验训练。

另外，对于研究酶的性质、作用、反应动力学等问题时，常需要高度纯化的酶制剂。通过本实验，使学生能够熟悉生物样品的提取、用近代的层析法精制纯化酶制剂以及在性质鉴定方面对酶的活力测定、蛋白质纯度分析、回收率、产率、分子质量、等电点及一些动力学常数测定等较系统的研究方法。

蔗糖酶活性测定的原理是采用 DNS 测定方法，即蔗糖酶水解蔗糖为还原糖的量用 3,5-二硝基水杨酸（DNS）比色定糖法测定。在 pH 4.6，35℃条件下，1min 内蔗糖酶能水解蔗糖成还原糖的量为一个活力单位，一个活力单位还原糖的量可用 $1\mu g$ 葡萄糖/min 或 $1\mu mol$ 葡萄糖/min 表示，本实验定义为 DNS 测定每分钟增加一个毫光吸收单位（mA）为一个酶活力单位，即 $1U=1mA/min$（$1A=1000mA$）。

21.3　实验仪器与器材

21.3.1　实验仪器

① 紫外检测仪　　　　　② 计算机及色谱工作站装置
③ 磁力搅拌器　　　　　④ 恒流泵
⑤ 电子天平　　　　　　⑥ 混合器
⑦ 自动部分收集器　　　⑧ 酸度计
⑨ 紫外-可见分光光度计　⑩ 冷冻离心机
⑪ 台式水浴恒温振荡器　⑫ 低温冷柜
⑬ 电动搅拌器　　　　　⑭ 梯度混合器
以下为非教学实验室仪器：
⑮ 高级蛋白质纯化系统 ÄKTA（见图21-2）　⑯ HPLC
⑰ 快速水平电泳仪

21.3.2　实验器材

① 层析柱　　　　　② 烧杯
③ 量筒　　　　　　④ 可调取液器
⑤ 剪刀　　　　　　⑥ 镊子
⑦ 玻璃棒　　　　　⑧ 骨勺
⑨ 称量纸　　　　　⑩ 吸水纸
⑪ 保鲜膜　　　　　⑫ 0.45μm 滤膜
⑬ 标签纸或记号笔　⑭ 平底小不锈钢盘

图 21-2　ÄKTA 高级蛋白质纯化系统装置图
（具有层析方法、分离条件探索及自动化层析分离的功能）

21.4　试剂与配制

21.4.1　实验试剂

（1）乙酸。

（2）乙酸钠。

（3）葡萄糖。

（4）蔗糖。

（5）NaOH。

（6）氯化钠。

（7）盐酸。

（8）甲苯。

（9）亚硫酸氢钠。

（10）硫酸铵。

（11）苯酚。

（12）酒石酸钾钠。

（13）磷酸二氢钠。

（14）甲苯。

（15）3,5-二硝基水杨酸。

（16）三羟甲基氨基酸甲烷（Tris）。

（17）乙醇。

（18）SDS。

（19）干酵母（作为独立实验可采用超市销售的干酵母）。

（20）表达蔗糖酶菌体（衔接发酵工程或基因工程综合实验）。

（21）脲。

（22）果糖。

（23）DEAE-纤维素。

（24）Q-Sepharose FF。

（25）羟基磷灰石 HAP。

（26）透析袋（截留分子质量≤10 000Da）。

（27）Mono Q 柱。

21.4.2　试剂配制

1）DNS 试剂的配制

（1）称取 NaOH 50g，溶解于 500mL 蒸馏水中，配制成 500mL 10% NaOH 溶液。

（2）称取 3,5-二硝基水杨酸 4.42g，溶解于 440mL 双蒸馏水中，配制成 440mL 1% 的 3,5-二硝基水杨酸溶液。

（3）称取结晶酚 3.45g 于 7.6mL 10% NaOH 溶液中溶解，并用水稀释至 34.5mL，再加入亚硫酸氢钠 3.45g。

（4）称取酒石酸钾钠 127.48g 于 150mL 10% NaOH 溶液中，再加入 1% 3,5-二硝基水杨酸溶液 440mL。

（5）将（3）、（4）步中所得的溶液混合，置于棕色试剂瓶中，放置 8 天后使用。

2）0.1mol/L 蔗糖溶液的配制（sucrose，M_r：342.3）

称取 3.42g 蔗糖，溶解于 100mL 双蒸馏水中。

3）0.1mol/L，pH 4.6 乙酸缓冲液 ABS 的配制

配制 0.1mol/L 乙酸溶液 100mL，同时配制 0.1mol/L 乙酸钠溶液 100mL，用酸度计调配成 0.1mol/L，pH 4.6 的乙酸缓冲液 ［约按照 51（0.1mol/L 乙酸）：49（0.1mol/L 乙酸钠）的比例混合，体积比］。

4）1mol/L 氢氧化钠溶液的配制

称取 NaOH 0.4g，溶解于 100mL 双蒸馏水中，配制成 1mol/L 的氢氧化钠溶液。

5）3.5mg/mL 葡萄糖溶液的配制（glucose，M_r：180.2）

称取葡萄糖 0.35g，溶解于 100mL 双蒸馏水中，配制成 3.5mg/mL 的葡萄糖溶液。

6) 蔗糖酶液的配制

标准蔗糖酶液和被测样品蔗糖酶液的稀释度用 DNS 测定法控制在 A_{540nm} 光吸收在 0.6 左右。然后根据标准蔗糖酶液标示的比活进行测定比较。

7) 8mol/L 脲配制

8mol/L 脲用 0.1mol/L，pH 4.6 乙酸缓冲液配制。

21.5 实验步骤

21.5.1 蛋白质浓度测定方法

采用本书介绍的紫外分光光度法，标准：1mg/mL BSA。

21.5.2 SDS-PAGE 凝胶电泳

采用本书介绍的 SDS-PAGE 垂直平板电泳方法，$T=12.5\%$。

21.5.3 等电聚焦

采用本书介绍的 IEF 方法或用快速水平电泳仪测定，pH 3～9。

21.5.4 DNS 测定蔗糖酶活性的方法

蔗糖酶活性采用 3,5-二硝基水杨酸（DNS）比色定糖法测定。在 pH 4.6，35℃ 条件下，1min 内蔗糖酶能水解蔗糖成还原糖的量为一个活力单位，一个活力单位还原糖的量可用 1μg 葡萄糖/min 或 1μmol 葡萄糖/min 表示，本实验定义为 DNS 测定每分钟增加一个毫光吸收单位（mA）为一个酶活力单位，即 1U＝1mA/min（1A＝1000mA）。

对于提取的粗蔗糖酶液以及分离纯化的蔗糖酶液按照表 21-1 的方法测定。被测定的蔗糖酶液一般需稀释，稀释度调整在 A_{540nm} 最大光吸收为 0.6 左右（计算时应再乘上稀释倍数）。

表 21-1　DNS 蔗糖酶活性测定（需调整被测定蔗糖酶液稀释倍数）（单位：mL）

	空白 0	样品 1	样品 2	样品 3	样品 4	样品 5	样品 n	标准对照
0.1mol/L 蔗糖溶液	0	0.2	0.2	0.2	0.2	0.2	0.2	3.5mg/mL 标准葡萄糖溶液
pH4.6 乙酸缓冲液	0.45	0.25	0.25	0.25	0.25	0.25	0.25	
蔗糖酶液*	0.4	0.4	0.4	0.4	0.4	0.4	0.4	
37℃恒温水浴 15min								
加入 1mol/L NaOH 0.15mL 使其停止反应								

续表

	空白 0	样品 1	样品 2	样品 3	样品 4	样品 5	样品 n	标准对照
上述酶解后样液	0.5	0.5	0.5	0.5	0.5	0.5	0.5	0.5
双蒸馏水	1.5	1.5	1.5	1.5	1.5	1.5	1.5	1.5
DNS	0.5	0.5	0.5	0.5	0.5	0.5	0.5	0.5
100℃水浴 5min，取出后立即流水冷却								
加 2.5mL 双蒸馏水								
将最终每管 5mL 显色液再用 DDW 稀释至 25mL 后测定 A （实际可取 1mL 显色液，再用 DDW 稀释至 5mL 后测定 A）								
光吸收 A_{540nm}								

* 表中试剂、溶液吸取体积均为毫升（mL），测定的样品数由实验需要确定。样品蔗糖酶液的稀释度调整在 A_{540nm} 最大光吸收为 0.6 左右。

21.5.5　DNS 法葡萄糖标准曲线的测定

在上面 DNS 法蔗糖酶活性测定的基础上，采用上面已经调整好的蔗糖酶液稀释度，用 3.5mg/mL 葡萄糖作为标准溶液，测定葡萄糖含量标准曲线。测定方法见表 21-2。

表 21-2　DNS 法葡萄糖标准曲线的测定　　　　　（单位：mL）

	0 空白	1	2	3	4	5	6
3.5mg/mL 葡萄糖	0	0.1	0.2	0.4	0.6	0.8	1.0
双蒸馏水	2.0	1.9	1.8	1.6	1.4	1.2	1.0
DNS	0.5	0.5	0.5	0.5	0.5	0.5	0.5
100℃水浴 5min，取出后立即流水冷却							
加 2.5mL 双蒸馏水							
将最终每管 5mL 显色液再用 DDW 稀释至 25mL 后测定 A （实际可取 0.5mL 显色液再用 DDW 稀释至 2.5mL 后测定 A）							
A_{540nm}							

21.5.6　蔗糖酶米氏常数 K_m 测定（底物浓度的影响）

米氏常数 K_m 按照表 21-3 的方法测定。米氏常数是当酶促反应速度为最大速度一半时的底物浓度，米氏常数越小，说明该酶对底物的亲和力大。

表 21-3　DNS 法蔗糖酶米氏常数 K_m 的测定　　　（单位：mL）

	0 空白	1	2	3	4	5	6	7 对照
0.1mol/L 蔗糖溶液	0	0.02	0.04	0.06	0.08	0.10	0.12	3.5mg/mL 标准葡萄糖溶液
pH 4.6 乙酸缓冲液	0.45	0.43	0.41	0.39	0.37	0.35	0.33	
蔗糖酶液 *	0.4	0.4	0.4	0.4	0.4	0.4	0.4	
37℃恒温水浴 15min								
加入 1mol/L NaOH 0.15mL 使其停止反应								
上述酶解后样液	0.5	0.5	0.5	0.5	0.5	0.5	0.5	0.5
双蒸馏水	1.5	1.5	1.5	1.5	1.5	1.5	1.5	1.5
DNS	0.5	0.5	0.5	0.5	0.5	0.5	0.5	0.5
100℃水浴 5min，取出后立即流水冷却								
加 2.5mL 双蒸馏水								
将最终每管 5mL 显色液再用 DDW 稀释至 25mL 后测定 A （实际可取 1mL 显色液，再用 DDW 稀释至 5mL 后测定 A）								
光吸收 A_{540nm}								

　* 注：表中试剂、溶液吸取体积均为毫升（mL），测定样品蔗糖酶液的稀释度调整在 A_{540nm} 最大光吸收为 0.6 左右。

　　测定后用双倒数作图，以酶反应速度 v 的倒数 $1/v$ 为纵坐标，底物浓度的倒数 $1/[S]$ 为横坐标作图可得一直线（本实验 K_m 测定亦可将 A_{540nm} 光吸收值直接代替 v 计算）。

　　K_m 值测定曲线如图 21-3 所示。

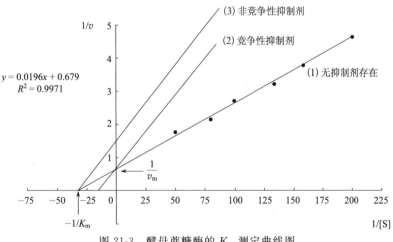

图 21-3　酵母蔗糖酶的 K_m 测定曲线图

　　$-1/K_m = -35$，　　$K_m = 0.028$，　　米氏公式 $v = v_m / (K_m + [S])$

（1）无抑制剂存在：K_m，v_m 可从各轴交点标出。

（2）竞争性抑制剂：K_m 变化，v_m 不变。

（3）非竞争性抑制剂：K_m 不变，v_m 变化。

21.5.7 脲作为蔗糖酶抑制剂类型的测定

采用以上测定 K_m 的蔗糖酶液和稀释度，进行脲作为蔗糖酶抑制剂类型的测定，按照表 21-4 的方法进行测定。测定后按上面测定 K_m 的方法作图，并比较抑制剂类型。

表 21-4 脲作为蔗糖酶抑制剂类型的测定   （单位：mL）

	0 空白	1	2	3	4	5	6	7 对照
0.1mol/L 蔗糖溶液	0	0.02	0.04	0.06	0.08	0.10	0.12	3.5mg/mL 标准葡萄糖溶液
pH 4.6 乙酸缓冲液	0.30	0.28	0.26	0.24	0.22	0.20	0.18	
8mol/L 脲	0.15	0.15	0.15	0.15	0.15	0.15	0.15	
蔗糖酶液	0.4	0.4	0.4	0.4	0.4	0.4	0.4	
37℃恒温水浴 15min								
加入 1mol/L NaOH 0.15mL 使其停止反应								
上述酶解后样液	0.5	0.5	0.5	0.5	0.5	0.5	0.5	0.5
双蒸馏水	1.5	1.5	1.5	1.5	1.5	1.5	1.5	1.5
DNS	0.5	0.5	0.5	0.5	0.5	0.5	0.5	0.5
100℃水浴 5min，取出后立即流水冷却								
加 2.5mL 双蒸馏水								
将最终每管 5mL 显色液再用 DDW 稀释至 25mL 后测定 A （实际可取 1mL 显色液，再用 DDW 稀释至 5mL 后测定 A）								
光吸收 A_{540nm}								

21.5.8 果糖、葡萄糖、SDS 对蔗糖酶活力的影响测定

果糖、葡萄糖、SDS 分别对蔗糖酶活力的影响或抑制类型的测定由学生自己设计测定方案进行测定。

21.5.9 蔗糖酶性质的测定

以下均由学生自己设计测定方案进行测定。
（1）蔗糖酶时间作用曲线的测定。
（2）蔗糖酶的最适 pH 的测定。
（3）蔗糖酶的最适温度的测定。
（4）蔗糖酶分子质量的测定。
（5）蔗糖酶等电点的测定。
（6）蔗糖酶比活的测定。

21.5.10 蔗糖酶的分离纯化

蛋白质的分离纯化通常采用"三步法"（three phase strategy）策略。

第一步初级分离：包括样品抽提，粗品制备。

第二步中级纯化：将粗品进一步分离并纯化。

第三步精制纯化：高纯度纯化和精品制备。

关于不同蛋白质或生物分子的分离纯化，其方法、手段和条件可能不尽相同。对于蛋白质的高纯度精品制备，有些方法可能很简单，有些则很复杂，但是一般都需要做很多分离方法和条件的探索工作，实践中需要技艺与才艺相结合。本实验的内容主要是安排学生进行综合实验训练，体验对实验方法和条件的探索过程，并非标准和固定模式。

对于细胞破碎及发酵液样品的分离纯化，其大致流程如图 21-4 和图 21-5 所示。

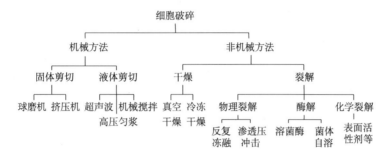

图 21-4 细胞破碎流程参考图

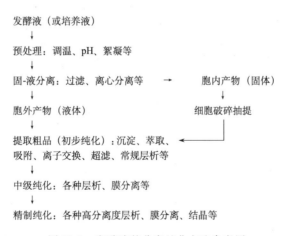

图 21-5 发酵液的分离纯化方法参考图

1. 第一步初级分离：蔗糖酶的粗品提取

关于酵母中蔗糖酶的提取，以甲苯自溶法最为常见。本实验通过采用 3 种不同的方法：甲苯自溶法、冻融法、SDS 抽提法，分别从酵母中提取蔗糖酶，以比较 3 种抽提方法的优缺点，学生可以自己提出新的提取方法，并自行设计提取条件。

1）甲苯自溶法

称取干酵母 10g，置于 100mL 三角瓶中，加入乙酸钠 2.4g，蒸馏水 10mL，甲苯 10mL，封好瓶口，在 37℃ 恒温水浴摇床振荡 30min 后，再恒温水浴过夜。次日将水浴后的样品取出，加蒸馏水 15mL，于 37℃ 恒温水浴摇床振荡 30min 后，4℃ 条件下，6000r/min 离心 20min，离心后用吸管轻轻将中层清液移出即为粗制酶液（注意勿带上层甲苯相），4℃ 保存。测定粗制酶液总体积、总活性、总蛋白质、比活，留样 2mL。

2）冻融法

冻融法运用物理方法使细胞壁破裂。称取干酵母 10g，蒸馏水 20mL 置于平底小不锈钢盘子内（使液面高约为 0.5cm 为宜的盘子）搅拌均匀，置于 -20℃ 冷柜中冷冻约 15min（以盘内液面上刚出现冻结为宜），取出盘子于 40℃ 温水浴融化，如此重复冷冻、融化 2 次。补加蒸馏水 10mL 搅匀，随后置于 -20℃ 冷柜中冷冻 3h 取出，再 40℃ 温水浴融化后，用 4mol/L 乙酸调 pH 至 5.0，40℃ 恒温水浴摇床振荡 30min，冷却后，4℃、12 000r/min 离心 15min，取上清液即为粗制酶液，4℃ 保存。测定粗制酶液总体积、总活性、总蛋白质、比活，留样 2mL。

3）SDS 抽提法

称取 4 份各为 10g 的干酵母，分别加入 60mL 的 0.3mmol/L、0.5mmol/L、0.7mmol/L 和 5mmol/L SDS 溶液，使其搅匀完全溶开，用 4mol/L 乙酸调 pH 至 5.0，40℃ 水浴 12h 后取出，4℃、12 000r/min 离心 15min，分别取上清液即为粗制酶液，4℃ 保存。通过分别测定 4 个粗制酶液的总活性和比活，比较 SDS 抽提的最优浓度。取 SDS 最优抽提浓度抽提的粗制酶液测定其总体积、总活性、总蛋白质、比活，留样 2mL（关于考察 SDS 浓度、提取 pH、提取温度、提取时间 4 个条件对酵母蔗糖酶抽提效果的影响，可采用 4 因素多水平正交实验，学生可以自己设计正交实验表）。

4）蔗糖酶粗品抽提法的比较

将以上所有抽提方法结果自行设计列表进行优缺点比较，并最终确定用最优化抽提方法抽提的蔗糖酶粗制酶液进行以下乙醇沉淀处理。

5）蔗糖酶粗品乙醇分级沉淀

乙醇分级沉淀属于有机溶剂分级沉淀分离法。在以上最终确定的用最优化抽提方法抽提的蔗糖酶粗制酶液中加入乙醇使其浓度达 30%，4℃ 放置过夜。随后 4℃、12 000r/min 离心 15min，取上清液，再追加预冷的乙醇使其终浓度为 50%，4℃ 放置 1h。最后 4℃、12 000r/min 离心 15min，弃上清液，取沉淀用双蒸馏水 5mL 溶解，4℃ 保存，准备进入第二步中级纯化。测定乙醇沉淀酶液的总体积、总活性、总蛋白质、比活，留样 0.2mL。

2. 第二步中级纯化

将上面最优化抽提的乙醇沉淀溶解的蔗糖酶液，根据实验室条件选用以下的柱分离方法进行中级纯化比较：DEAE-纤维素柱纯化，羟基磷灰石柱纯化。

1）DEAE-纤维素柱纯化

DEAE-纤维素柱梯度洗脱层析方法参见本书实验 5。

（1）层析条件

柱：Φ1cm×20cm，DEAE-纤维素装柱高度：16cm，柱床体积约 13mL。

流动相：

　　Buffer A：0.05mol/L，pH 7.3 Tris-HCl 缓冲液

　　Buffer B：Buffer A ＋ 0.5mol/L NaCl 缓冲液

　　1.0mol/L NaCl

流速：0.5mL/min，收集 4mL/管。

紫外检测仪：波长 280nm，连接色谱工作站进行记录。

（2）样品透析

取所需分离的粗制酶液 2mL，装入透析袋，于 4℃对 Buffer A 充分透析，所得透析液 4℃保存，准备上样。

（3）样品分离

柱经 Buffer A 充分平衡后，将上述透析样品上样，上样后用 Buffer A 洗涤至穿过峰至基线，启动线性梯度洗脱。

梯度条件：梯度混合器混合室装入 Buffer A 80mL，贮液室装入 Buffer B 80mL，Buffer A 端连接恒流泵至柱端进行线性梯度洗脱。梯度洗脱完后，恒流泵改用 1.0mol/L NaCl 继续洗脱 2 倍柱床体积。

层析时注意观察洗脱曲线，并部分收集以上所有流出液。

层析结束时，改用蒸馏水继续清洗 3 倍柱床体积（再经 Buffer A 平衡后可重新上样使用）。

（4）活力峰测定

对收集的每一管洗脱液进行蔗糖酶活力测定，合并活力峰，测定其总体积、总活性、总蛋白质、比活，留样 0.5mL。

2）羟基磷灰石柱纯化

羟基磷灰石柱层析方法参见本书实验 11，实验设计与分离纯化条件，根据教学实验情形由学生自己设计。

3. 第三步精制纯化

本实验的精制纯化需要由教师指导学生使用高级蛋白质纯化系统先进行分离纯化，然后在此基础上学生进行自装柱放大纯化实验。如果有高级蛋白质纯化系统先转至第

2）步探索，如果没有则按以下步骤独立实验。

1）Q-Sepharose 柱分离（参考 Mono Q 柱条件）

在以下 Mono Q 柱达到分离要求后，可采用自装的 Q-Sepharose 柱进行放大分离实验，如果不具备高级蛋白质纯化系统亦可直接进行本步骤的精制纯化条件探索。

Q-Sepharose 为强碱性阴离子交换琼脂糖凝胶，具有介质网孔大、亲水性好、交换容量大、流速较快的特点。商品 Q-Sepharose 浸泡在 20％乙醇中，使用前需处理。

（1）Q-Sepharose 的处理

取 Q-Sepharose 凝胶 20mL，用砂芯漏斗作如下抽滤处理：

蒸馏水 10 倍胶体积→1mol/L NaOH 5 倍胶体积→蒸馏水 10 倍胶体积→1mol/L NaCl 5 倍胶体积→蒸馏水 10 倍胶体积

抽滤时不要过快，最后蒸馏水抽滤后将胶转移到小烧杯内，倒入平衡缓冲液准备装柱。

（2）层析条件（可根据分离后情况进行条件探索和修改）

柱：Φ1cm×20cm，装柱高度：16cm，柱床体积 13mL。

流动相：

　　　　Buffer A：0.05mol/L，pH 7.3 Tris-HCl 缓冲液

　　　　Buffer B：Buffer A ＋ 0.5mol/L NaCl 缓冲液

　　　　1.0mol/L NaCl

流速：0.5mL/min，收集 4mL/管。

紫外检测仪：波长 280nm，连接色谱工作站进行记录。

（3）样品透析

取所需分离的中级纯化蔗糖酶活力峰 2mL，装入透析袋，于 4℃对 Buffer A 充分透析，所得透析液 4℃保存，准备上样（如果采用羟基磷灰石柱分离的样品也需要透析）。

（4）样品分离

柱经 Buffer A 充分平衡后，将上述透析样品上样，上样后用 Buffer A 洗涤至穿过峰至基线，启动梯度洗脱。

梯度条件：梯度混合器混合室装入 Buffer A 80mL，贮液室装入 Buffer B 80mL，Buffer A 端连接恒流泵至柱端进行线性梯度洗脱。梯度洗脱完后，恒流泵改用 1.0mol/L NaCl 继续洗脱 2 倍柱床体积。

层析时注意观察洗脱曲线，并部分收集以上所有流出液。层析结束时，改用蒸馏水继续清洗 3 倍柱床体积（再经 Buffer A 平衡后可重新上样使用）。

（5）活力峰测定

对收集的每一管洗脱液进行蔗糖酶活力测定，合并活力峰，测定其总体积、总活性、总蛋白质、比活，留样 0.2mL。

用 SDS-PAGE 检测活性峰纯度，如果活性峰不纯，将合并的活性峰重新透析（或用双蒸馏水稀释 5 倍）后重复上 Q-Sepharose 柱，并修改洗脱梯度进行再分离，直至达

到分离要求。

梯度的修改参考上次的分离情况决定，修改方法可参考计算机仿真教学和理论课内容，并由教师指导。

如果需要，亦可改变 pH 在 Q-Sepharose 柱上分离，关于改变 pH 探索分离方法，可参考计算机仿真教学内容和理论课内容，并由教师指导。

将纯化的蔗糖酶对蒸馏水透析后，4℃保存或冻干，进行性质鉴定。

2）Mono Q 柱分离纯化条件探索

Mono Q 柱为高分离度的强碱性阴离子交换预装柱，需要使用高级蛋白质纯化系统，注意所有溶液和样品上柱前均需 $0.45\mu m$ 滤膜过滤。

探索条件：合适的 pH 和合适的洗脱梯度。

以下为初始参考分离条件：

（1）层析条件

柱：Mono Q 预装柱 Φ1cm×10cm，柱床体积约 8mL，最大压力：5MPa。

流动相：

　　　Buffer A：0.05mol/L，pH 7.3 Tris-HCl 缓冲液

　　　Buffer B：Buffer A ＋ 0.5mol/L NaCl 缓冲液

　　　1.0mol/L NaCl

流速：0.5mL/min，收集 3mL/管。

紫外检测仪：波长 280nm，连接色谱工作站进行记录。

（2）样品透析

取所需分离的中级纯化蔗糖酶活力峰 2mL，装入透析袋，于 4℃对 Buffer A 充分透析，所得透析液 4℃保存，准备上样（如果采用羟基磷灰石柱分离的样品也需要透析）。

（3）样品分离

柱经 Buffer A 充分平衡后，将上述透析样品上样，上样后用 Buffer A 洗涤至穿过峰至基线，启动梯度洗脱。

梯度条件：

时间	Buffer B 浓度
0～80min	50%
80～100min	100%

梯度洗脱完后，改用 1.0mol/L NaCl 继续洗脱 2 倍柱床体积。层析时注意观察洗脱曲线，并部分收集以上所有流出液。

层析结束时，改用蒸馏水继续清洗 3 倍柱床体积（再经 Buffer A 平衡后可重新上样使用）。

（4）活力峰测定

对收集的每一管洗脱液进行蔗糖酶活力测定，合并活力峰，测定其总体积、总活性、总蛋白质、比活，留样 0.2mL。

用 SDS-PAGE 检测活性峰纯度,如果活性峰不纯,将合并的活性峰重新透析(或用双蒸馏水稀释 5 倍)后重复上 Mono Q 柱,并修改洗脱梯度进行再分离,直至达到分离要求。

梯度的修改参考上次的分离情况确定,修改方法可参考计算机仿真教学和理论课内容,并由教师指导。

如果需要,亦可改变 pH 在 Mono Q 柱上分离,关于改变 pH 探索分离方法,可参考计算机仿真教学内容和理论课内容,并由教师指导。

将探索合适的分离条件应用到上面的 Q-Sepharose 柱放大分离纯化实验。

21.6　分析测定、性质鉴定与数据处理

1)蔗糖酶活性回收率计算

分析测定从酵母抽提直到最后纯化各步骤的样品总体积、总活性、总蛋白质、比活,然后列表计算回收率、产率和纯化倍数。对各步骤留样的样品在同一块凝胶上进行 SDS-PAGE 纯度分析比较。

2)蔗糖酶的性质鉴定

对最后纯化得到的蔗糖酶纯品进行分子质量、等电点、米氏常数、抑制剂类型、最适 pH、最适温度和时间作用曲线进行测定。

注:采用 HPLC 凝胶柱对蔗糖酶纯品进行天然分子质量测定,以便与 SDS-PAGE 进行比较。

3)酵母蔗糖酶最优提取与分离纯化方法和条件的总结

选出优化条件的提取方法与分离纯化方法,总结出完整的酵母蔗糖酶提取与分离纯化工艺以及存在的问题。

4)实验报告

尝试以论文的方式写出实验报告。

21.7　思考题

(1)对蛋白质或生物分子为什么要采用综合性的分离纯化手段?

(2)综合分离纯化需要利用蛋白质的哪些性质差异?

(3)在本实验对酶的提取与分离纯化步骤中,为什么每步都要测定酶的总活力?

(4)如何在实验中尽量减少生物样品的活性?

(5)如何确定柱层析的最佳分离条件?

(6)如何总体设计对蛋白质综合分离纯化的实验方案?

(7)实验研究与工业生产对蛋白质分离纯化工艺的要求有什么差别?

实验 22　亲和层析分离纯化尿激酶及其性质鉴定
（溴化氰活化法）

22.1　实验目的与要求

（1）本实验通过自制接有赖氨酸配体的琼脂糖 4B 柱，分离纯化尿激酶。

（2）了解和熟悉制备亲和载体中有关活化和偶联的方法，并掌握亲和层析纯化尿激酶以及酶活性测定的技术。

（3）以综合实验方式对尿激酶粗品进行精制纯化并进行性质鉴定。

注：学生综合实验小组尿激酶粗品提取在本实验之前另行完成。

22.2　实验原理

尿激酶（urokinase，简写 UK，EC 3.4.99.26）是从新鲜人尿里提取的一种溶血栓药物。它能激活纤溶酶原转化为有活性的纤溶酶，纤溶酶能使不溶性的纤维蛋白转变为可溶性小分子多肽，从而使血栓溶解。UK 没有抗原性，没有毒性及其他副反应。因此，临床上多用于治疗各种血栓形成和血栓栓塞性疾病以及因纤维蛋白沉着引起的各种疾病，例如，脑血栓症、急性心肌梗死、周身血管及视网膜血管闭塞症、静脉血栓等。随着对尿激酶研究的进展，它的应用也越来越广泛，现在已试用于治疗脉管炎、风湿性关节炎、肾移植和防止血管外科手术后栓塞等症，并且也用于治疗肿瘤。尿激酶与抗癌剂合用时，由于它能溶解癌细胞周围的纤维蛋白，使得抗癌剂能更好地进入癌细胞，从而提高抗癌剂杀伤癌细胞的能力，所以也是一种很好的癌症辅助治疗剂。

H-UK 和 L-UK 的分子组成

尿激酶有多种分子质量形式，主要有 3.3×10^4 和 5.4×10^4 两种，即低分子质量尿激酶（简写 L-UK）和高分子质量尿激酶（简写 H-UK）。H-UK 和 L-UK 的比活分别为 157 400 IU/mg 和 246 700 IU/mg 蛋白质。用对硝基苯-对胍基苯甲酸盐鉴定，它们的活性部分各占 97% 和 88%。

H-UK 和 L-UK 的氨基酸组成基本相似。在 H-UK 和 L-UK 中，碱性氨基酸的量为总氨基酸残基的 15%～17%，酸性氨基酸和疏水氨基酸分别占总残基数的 18%～19% 和 23%～25%。两种纯的尿激酶，每一种都具有 pI 值在 8.05～8.70 的不同形式。H-UK 具有五种 pI 值为 8.7～9.4 的不同等电点形式，L-UK 在 pI 值 7.5～9.7 也有五种形式。但是单一峰的 H-UK pI 值为 9.70。

H-UK 是由分子质量约为 34 000 和 17 600 的两条链通过二硫键连接而成，在重链上有一个活性部位，丝氨酸和组氨酸是其活性中心的必需氨基酸，它的 N 末端氨基酸是赖氨酸和异亮氨酸。L-UK 也是由两条链组成的：一条分子质量为 30 000，一条分子质量为 2427。

尿激酶的作用机制

尿激酶是特异性很强的蛋白质水解酶，纤溶酶原（Pg）是其唯一的天然蛋白质底物。在血液循环中，主要形式的纤溶酶原的 N 末端氨基酸是谷氨酸。

$$NH_2 - Glu - X - Lys - Arg - Val—Asn\ COOH$$
$$\llcorner S — S \lrcorner$$

图 22-1　纤溶酶原（Pg）结构示意图

纤溶酶原被激活时，首先是在纤溶酶（Pm）的作用下，使 X-Lys 肽键断裂，释放出一个 N 末端为谷氨酸的小分子多肽（P），同时形成中间产物 Lys-Pg（N 末端为赖氨酸的纤溶酶原），然后尿激酶再直接作用于 Lys-Pg，把 Lys-Pg 转化为具有活性的 Lys-Pm（N 末端为赖氨酸的纤溶酶）。

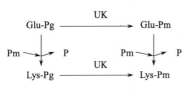

图 22-2　尿激酶作用示意图

另一途径是尿激酶使 Glu-Pg（N 末端为谷氨酸的纤溶酶原）分子中的 Arg-Val 肽键断裂，转化成 Glu-Pm（N 末端为谷氨酸的纤溶酶）。

后者在 Pm 作用下，使分子中的 X-Lys 肽键断裂，释放出小分子多肽 P，最后也转变为 Lys-Pm。

虽然 H-UK 和 L-UK 对纤溶酶原的作用机制相同，并且对合成底物 N-乙酰甘氨酰-L-赖氨酸甲酯（AGLME）有相同的动力学常数，但是它们对纤溶酶原的激活能力则不相同。由于 H-UK 对纤溶酶原有较高的亲和力，在血液里的半衰期又较长，因而有效地激活纤溶酶原，所以在临床上，H-UK 比 L-UK 更有效。

尿激酶的分离纯化

从新鲜人尿中提取 UK 大致也分为两个阶段，首先采用吸附法等粗分离（如硅藻土、高岭土等吸附剂）；然后用离子交换层析、亲和层析、凝胶层析等进一步纯化和精制，并且分离 H-UK 和 L-UK。

本实验是对尿激酶粗品采用亲和层析进行纯化。亲和层析选择的配体是尿激酶的可逆抑制剂赖氨酸 Lys（亦可采用精氨酸、苯甲脒、单克隆抗体等）。有关亲和层析的原理及亲和吸附剂的活化、偶联等制备技术见本书亲和层析实验。

22.3　实验仪器与器材

22.3.1　实验仪器

① 多用途恒温振荡器　　　　　　　　　　② 恒流泵

③ 紫外检测仪　　　　　　　　　　④ 色谱工作站装置

⑤ 计算机：笔记本电脑　　　　　　⑥ 微型旋涡混合器

⑦ 自动部分收集器　　　　　　　　⑧ 磁力搅拌器

⑨ 电子天平　　　　　　　　　　　⑩ 通风橱

⑪ 酸度计　　　　　　　　　　　　⑫ 小型电动搅拌器

22.3.2　实验器材

① 层析柱：Φ1cm×10cm　　　　　② G-3#砂芯漏斗

③ 有机玻璃平板盒：23cm×8cm×1.5cm　　④ 游标卡尺

⑤ 微量注射器　　　　　　　　　　⑥ 水平尺

⑦ 水平台　　　　　　　　　　　　⑧ 抽滤瓶

⑨ 十字夹　　　　　　　　　　　　⑩ 量筒

⑪ 烧杯　　　　　　　　　　　　　⑫ 三角瓶

⑬ 试管　　　　　　　　　　　　　⑭ 试管架

⑮ 吸管　　　　　　　　　　　　　⑯ 可调取液器

⑰ 洗耳球　　　　　　　　　　　　⑱ 滴管

⑲ 剪刀　　　　　　　　　　　　　⑳ 镊子

㉑ 玻璃棒　　　　　　　　　　　　㉒ 骨勺

㉓ 称量纸　　　　　　　　　　　　㉔ 吸水纸

㉕ 保鲜膜　　　　　　　　　　　　㉖ 标签纸及记号笔

22.4　试剂与配制

22.4.1　实验试剂

（1）尿激酶粗品（由学生综合实验小组自制）。

（2）琼脂糖 4B。

（3）氢氧化钠。

（4）L-赖氨酸。

（5）硼砂。

（6）硼酸。

（7）氨水。

（8）溴化氰（白色固体，易挥发，剧毒）。

22.4.2　试剂配制

1）亲和柱初始平衡缓冲液（0.1mol/L，pH 8.0 硼酸缓冲液）的配制

分别称取硼酸 4.32g，硼砂 2.86g，先用适量蒸馏水溶解，然后用蒸馏水稀释至 1000mL，混匀即可。

2）亲和柱洗脱液（4.0％的氨水溶液）的配制

量取氨水 4.0mL，加蒸馏水至 100mL，混匀即可。

3）样品溶液的配制（1000 IU/mL 尿激酶粗品）

将 5000 IU 的尿激酶粗品，加 0.1mol/L，pH 8.0 硼酸缓冲液 5.0mL，溶解混匀。

4）氢氧化钠（3.0mol/L）溶液的配制

称取氢氧化钠 12.0g，加蒸馏水至 100.0mL，溶解混匀即可。

5）偶联缓冲液

0.1mol/L，pH 9.2 硼酸缓冲液 500mL。

6）L-赖氨酸配体溶液（100mg/mL）的配制

称取 L-赖氨酸 1.0g，加偶联缓冲液至 10.0mL，溶解混匀即可。

7）封闭液乙醇胺（0.1mol/L）的配制

取所需量乙醇胺（0.1mol/L），加偶联缓冲液至 100mL，混匀即可。

8）磷酸二氢钠 0.1mol/L-氯化钠 0.5mol/L 溶液的配制

分别称取 $NaH_2PO_4 \cdot H_2O$ 1.38g 和氯化钠 2.9g 于烧杯中，先用适量蒸馏水溶解，然后用蒸馏水稀释至 100mL，混匀即可。

9）磷酸钾 0.1mol/L-氯化钠 0.5mol/L 溶液的配制

分别称取 $K_3PO_4 \cdot 2H_2O$ 2.5g 和氯化钠 2.9g 于烧杯中，先用适量蒸馏水溶解，然后用蒸馏水稀释至 100mL，混匀即可。

22.5　实验步骤

22.5.1　亲和层析吸附材料的制备

琼脂糖的活化有多种方法，其中溴化氰（CNBr）活化法是科研中应用较多、效果较好的活化方法，本实验学习溴化氰活化法。由于 CNBr 的毒性和易挥发性，活化需在通风橱中进行（操作人员佩戴防毒口罩），残余的 CNBr 以及接触过溴化氰的容器都要用硫酸亚铁溶液处理。活化方法如下所述。

1）溴化氰活化-Sepharose 4B 载体

（1）取静置沉积体积 10.0mL 的琼脂糖 4B 凝胶于一 50mL G-3 砂芯漏斗中，抽去保护液，用 100mL 0.5mol/L NaCl 溶液淋洗，再用 100mL 蒸馏水淋洗，抽成滤饼。

（2）将上述滤饼全部转移到 100mL 烧杯中，在烧杯内加入与凝胶等体积的蒸馏水 10mL 相混合，将烧杯转移到通风橱中具有水浴的支架台上，烧杯内插入小型电动搅拌器搅棒，打开通风橱电源开始抽风。

（3）戴上防护手套，在通风橱内小心称取溴化氰 1g，加入已置于通风橱中的琼脂糖 4B 烧杯内，水浴条件下控制在 15~20℃（活化时有热量和大量 H^+ 放出），打开电动搅拌器，不断滴加 3.0mol/L NaOH 溶液，使杯内 pH 调整在 10.5~11.5（可用 pH 试纸或酸度计不断监测），搅拌活化反应约需 15min（当用 pH 试纸监测时，pH 已经不再明显下降），停止搅拌，终止活化。

（4）随即迅速将终止活化反应的上述烧杯内的溶液转移到 G-3# 砂芯漏斗中抽滤（在收集滤液的滤瓶内事先加入一定量的固体硫酸亚铁，以中和溴化氰毒性），抽干后随即用预冷的蒸馏水 100mL 淋洗，抽干，再用预冷的 0.1mol/L，pH 9.2 硼酸缓冲液 50mL 淋洗，抽干。

2）偶联反应

（1）随即将淋洗、抽干后的活化琼脂糖 4B 迅速转移到另一 50mL 小烧杯内，加入事先已配好的 L-赖氨酸（100mg/mL）配体溶液 10mL，然后置于 4℃冷柜中，插入小型电动搅拌器搅棒，缓缓搅拌反应过夜。

（2）次日将终止偶联反应的上述烧杯内的溶液转移到 G-3# 砂芯漏斗中抽滤，抽干后随即用预冷的 0.1mol/L，pH 9.2 硼酸缓冲液 50mL 淋洗，抽干。（可收集该步骤的全部滤液，测定其未被偶联配体 L-赖氨酸的总量，供偶联效率测定用）

注：偶联效率＝（配体溶液中配体的总量－未被偶联配体的总量）/配体溶液中配体的总量。

（3）将抽干后的凝胶转移到原洗净后的小烧杯中，加入封闭液乙醇胺（0.1mol/L）30mL，用小型电动搅拌器缓缓搅拌 30min 或更长时间。

（4）反应后，将凝胶抽滤干，改用 50mL 蒸馏水淋洗并抽干。

（5）用 0.1mol/L 磷酸二氢钠-0.5mol/L 氯化钠溶液 50mL 淋洗并抽干，再用蒸馏水 50mL 淋洗并抽干。

（6）用 0.1mol/L 磷酸钾-0.5mol/L 氯化钠溶液 50mL 淋洗抽干，再用蒸馏水 50mL 淋洗并抽干。

（7）用亲和柱初始平衡缓冲液（0.1mol/L，pH 8.0 硼酸缓冲液）50mL 淋洗抽干，再转移到洗净的小烧杯中，并加入 1 倍凝胶体积的该缓冲液置 4℃放置备用。由此即制备得到本次柱层析用的接有 L-赖氨酸配体的琼脂糖 4B 亲和吸附剂。

22.5.2 亲和层析纯化尿激酶的步骤

1）装柱

将 Φ1.0cm×10cm 的层析柱垂直架好在台式铁支架上，按常用的装柱方法和要求，将上述浸泡备用的 L-赖氨酸 Sepharose 4B 亲和吸附剂搅成悬浮液缓慢倒入柱内，装成 4cm 高。连接并调试恒流泵（流速 0.5mL/min）、紫外检测仪、色谱工作站、计算机、部分收集器（8min/管）等装置，使整个系统处于工作准备状态。

2）平衡

用亲和柱初始平衡缓冲液，用恒流泵以 0.5mL/min 的流速，平衡 10min（2～3 倍柱床体积），平衡快结束时观察仪器稳定后重新调节紫外检测仪的光吸收 A_{280nm} 至色谱工作站的记录基线。平衡结束后关闭柱底端出口。

3）加样与清洗

取粗品尿激酶溶液 4.0mL，采用常规的柱层析加样和清洗柱内壁的方法与要求加样和清洗，然后再加入 3.0cm 高的亲和柱初始平衡缓冲液（避免冲坏柱床表面）。

注： 在该步骤打开层析柱底端出口时，同时即启动部分收集器（4mL/管）和色谱工作站记录装置。

4）洗涤

以 0.5mL/min 的流速，继续用亲和柱初始平衡缓冲液洗涤 40mL，收集 10 管（约 10 倍柱床体积），直至穿过峰（第一个峰）回到紫外检测仪在色谱工作站上记录的基线，并稳定约 10min 后为止。

5）洗脱

吸去柱内多余的初始平衡缓冲液，加入 3.0cm 高的亲和柱洗脱液（避免冲坏柱床表面），同样以 0.5mL/min 的流速，用亲和柱洗脱液（4.0% 的氨水溶液），进行洗脱直至分离组分出峰完毕且洗脱曲线回到紫外检测仪在色谱工作站上记录的基线，并稳定约 10min 后为止（约收集 25 管）。结束层析及相关步骤，将实验结果保存到老师规定的文件夹中并打印出洗脱曲线。

6）收集

整个层析收集以 8min/管即 4.0mL/管的体积进行收集，直至层析结束为止。

7）清洗仪器及相关装置

从仪器装置中移去层析柱，并回收柱内 Sepharose 4B 凝胶，然后用自来水冲洗净层析柱，再用蒸馏水荡洗。按照常规方法用恒流泵以蒸馏水清洗紫外检测仪等管道，完毕后关闭所有的仪器设备。

22.5.3　尿激酶活力的测定（纤维蛋白平板法）

1. 测定原理

根据尿激酶能激活纤维蛋白溶酶原成纤维蛋白溶酶的特异作用，首先配制一种含有纤维蛋白溶酶原的纤维蛋白原溶液，然后加入凝血酶溶液，混合后倒入一平板盒使其变成纤维蛋白而凝固，即做成凝胶状平板。然后在该平板凝胶面上滴加一定量的尿激酶。在这样特定的条件下，尿激酶激活凝胶平板中的纤维蛋白溶酶原成为纤维蛋白溶酶从而可以溶解纤维蛋白，这样在一定的时间和条件中，纤维蛋白被溶解的圆面积大小和尿激酶的含量有一定关系，因此可以通过滴加标准样品制作面积与含量的标准曲线，进行尿激酶样品的活力测定。

2. 测定酶活力试剂与配制

1）试剂

（1）磷酸二氢钾。
（2）磷酸氢二钠。
（2）纤维蛋白原。
（3）凝血酶。
（4）盐酸。

2）试剂的配制

（1）0.2mol/L，pH 7.2 磷酸缓冲液（PBS）的配制

分别称取 $Na_2HPO_4 \cdot 2H_2O$ 2.506g，$KH_2PO_4 \cdot 2H_2O$ 0.817g 于一烧杯中，先加少量蒸馏水溶解后，再用蒸馏水稀释至 100mL，混匀检测 pH 至 7.2 即可。

（2）纤维蛋白原溶液（F）的配制

称取纤维蛋白原 200.0mg，加 PBS 25.0mL 于 37℃ 恒温箱中，电磁搅拌 1~2h，溶解后，用脱脂棉过滤除去泡沫和不溶物，备用。

（3）凝血酶溶液（T）的配制

称取含有 125 个活力单位的凝血酶 5.0mg，加磷酸缓冲液（PBS）25.0mL 溶解即可。

上述酶活力测定试剂，配好后均需放置 4℃ 冰箱保存，并且现配现用，所有用水及器具要洁净，一旦发现溶液出现沉淀和长霉则不能使用。

（4）2.0mol/L HCl 溶液的配制

吸取浓 HCl 1.0mL，然后加蒸馏水 5.0mL，混匀即可。

（5）样品溶液的配制

直接按照测定步骤，分别吸取自动部分收集器收集的各管样品原液，如果样品溶液尿激酶活力超过 250IU/mL，则需要重新稀释，方可测定。

3. 测定平板的制备

（1）将水平台用水平尺调好水平，备用。
（2）准确吸取纤维蛋白原溶液（F）21.5mL 置于三角瓶中，另准确吸取凝血酶溶液（T）21.5mL 于一小烧杯中，同时将此两种溶液和平板空盒一起放入 4℃ 冰箱中

预冷。

（3）取出预冷的溶液和平板盒，迅速将平板盒放在水平台，然后将小烧杯中的凝血酶溶液（T）轻轻倒入三角瓶中与纤维蛋白原溶液（F）混合，摇匀，立即倒入平板盒内，要尽量避免产生气泡，如有气泡，立即用玻璃棒或滤纸除去，然后静置凝固（如凝胶平板暂时不使用，可置冰箱 4℃保存，但不能超过一天）。

4. 样品溶液的选择和调 pH

将收集管编号后，分别抽取穿过峰收集管 2、3、5、7、9、10 管（不调 pH），另外分别取洗脱收集管 11、13、15、17、19、21、23、25 管，这些洗脱收集管需用 2.0mol/L HCl 溶液调 pH 至 9.0 左右。

注：洗脱管中有氨水影响活力测定，所以要调 pH。

5. 点样

在凝固的凝胶平板盒底下放上一张坐标纸，根据平板盒的面积利用坐标纸平均分布的条件编写出 22 个点样测定点，如图 22-3 所示（抽样测定时，测定点数多少随实验情况而定或进行逐管测定）。

1	2	3	4	5	6	7	8
9	10	11	12	13	14	15	16
17	18	19	20	21	22		

图 22-3　平板盒点样测定点安排图

然后用微量注射器分别吸取各抽样管内的样液 10μL，点在相应的号码点上，并做好记录，样品点要求圆而集中，每换点一次样品要清洗微量注射器。

6. 保温和测量面积

点好样的平板盒加盖，轻轻水平放入 37℃恒温箱中保温 15h 左右后，轻轻水平端出，用游标卡尺测定胶板上所出现的各圆形溶解孔的大小。以垂直相交的直径乘积作为溶解孔的面积，并对应测定管号进行记录。

22.6　数据处理

22.6.1　层析分离结果处理

（1）在打印出的色谱工作站记录的洗脱曲线上对应以收集与尿激酶活力测定的管数（或体积）为横坐标，相应的抽样管样品溶解孔的面积为纵坐标，绘制尿激酶活力曲线。

（2）观察尿激酶活力峰位置，并给出结论性实验报告。

22.6.2　纯化后尿激酶纯度及性质鉴定

（1）合并尿激酶活性峰，测量其体积后，利用紫外分光光度法测定其蛋白质含量。

（2）利用另外提供的尿激酶标准品，根据尿激酶活力测定方法，设计并测定出尿激酶粗品和纯化后尿激酶的比活、纯化倍数和活性回收率。

（3）利用 SDS-聚丙烯酰胺凝胶垂直平板电泳对纯化后尿激酶进行纯度鉴定和分子质量测定。

（4）利用凝胶等电聚焦对纯化后的尿激酶进行纯度鉴定和等电点（pI）测定。

（5）根据综合实验小组的研究，能否总结出尿激酶从粗品提取到纯品制备的生产工艺和质量鉴定体系，如何提出问题和解决问题，尝试写出论文。

22.7　思考题

（1）为什么在溴化氰活化时要控制在碱性（pH 11）条件？

（2）为什么配体偶联时偶联缓冲液要控制在偏碱性（pH 9.2）条件？

（3）在配体偶联时偶联缓冲液可否用 Tris-HCl 缓冲液代替？

（4）在本次实验中如何测量亲和吸附剂的偶联效率？

（5）如果穿过峰测定出尿激酶活性意味着什么？

（6）如何测量亲和吸附剂的吸附容量？

实验 23　双向电泳
（双向电泳比较 FADD 和 FADD$^{-/-}$ 细胞株的蛋白质表达差异）

23.1　实验目的与要求

（1）学习双向电泳的基本原理和基本实验步骤。

（2）通过采用双向电泳比较 FADD 和 FADD$^{-/-}$ 细胞株的蛋白质表达差异，了解和熟悉蛋白质组学的研究方法。

23.2　实验原理

人类基因组计划的提前完成得益于 DNA 序列测定方法的突破，而继后基因组时代对于人类蛋白质组的研究，则期待着新型、高效的蛋白质分离纯化和分析鉴定方法的出现。尽管如此，近代改良的双向电泳，由于分辨率的提高，已经成为目前蛋白质组学研究的常规工具，尤其在差异比较蛋白质组学的研究中，采用多重荧光分析技术的 2DE 可以提高电泳分析的效率和可靠性，已经成为一种捷径。

本综合实验拟通过现代双向电泳技术，应用差异比较蛋白质组学的研究方法，找出因 FADD 缺失而引起的细胞其他蛋白质表达的差异，以便采用质谱技术鉴定这些差异表达的蛋白质，从而探究 FADD 蛋白质的生物学功能。

"ISO-Dalt" 双向电泳或二维电泳（2 dimensional electrophoresis，2DE 或 2D）由 O'Farrell 于 1975 年首次建立，并成功得到 *E. coli* 蛋白质提取液的 1100 种不同组分的 5000 个蛋白质点的双向电泳图谱。其基本原理是首先进行第一向等电聚焦（isoelectric focusing，IEF），蛋白质沿 pH 梯度分离，聚焦至各自的等电点；然后再沿垂直方向进行第二向 SDS 聚丙烯酰胺凝胶电泳（SDS-PAGE），根据分子的大小不同分离蛋白质，结果所得到的电泳图谱是点而非带（参见图 23-1）。

双向电泳的基本步骤包括：样品制备（sample preparation）、等电聚焦、SDS-PAGE、显影和结果分析、质谱鉴定。

1）样品制备

对于应用于蛋白质组研究的 2DE 样品制备，其目标是尽可能提高样品的溶解度和解聚度，以提高电泳的分辨率。常用方法有化学法和机械裂解法，两者联合使用有协同性。对 IEF 样品的预处理依靠溶解、变性和还原作用来完全破坏蛋白质间的相互作用，并除去核酸等非蛋白质物质。理想的状态是一步完成蛋白质的完全处理。样品中最常见的杂质是核酸，超速离心和核酸内切酶都可以去除核酸，但是使用核酸内切酶会引入新的蛋白质，给样品的后续分析带来麻烦，所以一般更多地选择超速离心。另外，在样品

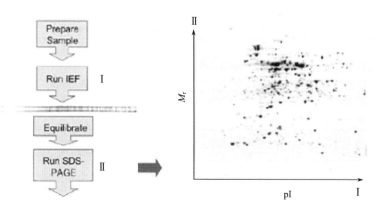

图 23-1 双向电泳原理示意图

预处理过程中需要添加 PMSF 等蛋白酶抑制剂，以保持蛋白质的完整性。

2）固相 pH 梯度等电聚焦（IPGIEF）

等电聚焦是根据蛋白质的等电点不同而进行分离的一种电泳技术。采用两性载体的等电聚焦原理参见图 23-2 和本书等电聚焦实验。

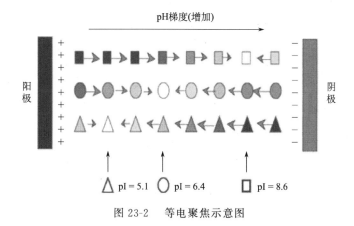

图 23-2 等电聚焦示意图

但是，在现代高分辨率的 2DE 中，通常采用新型的固相 pH 梯度等电聚焦（immo-bilized pH gradient isoelectric focusing，IPGIEF）。固相 pH 梯度等电聚焦所用的介质是一些具有弱酸或弱碱性质的丙烯酰胺单体衍生物，它们与交联剂甲叉双烯酰胺一起，同样能够产生凝胶聚合作用，商品名为 Immobiline，其结构式为

$$CH_2 = CH - \overset{\displaystyle O}{\underset{\displaystyle \|}{C}} - NH - R$$

在 Immobiline 分子的一端是一个缓冲基团 R，R 为弱酸或弱碱，具有不同的 pK 值。不同 pK 值的 Immobiline 可以在聚合物中以不同的弱酸和弱碱比例混合而形成多

种 pH 梯度；在 Immobiline 分子的另一端是一个双键，弱酸和弱碱缓冲基团可以在聚合过程中以共价方式结合镶嵌到聚丙烯酰胺凝胶中，这样，在等电聚焦前就形成了固相pH 梯度。

固相 pH 梯度凝胶是通过梯度混合器制备的（参见图 23-3）。例如，在等电聚焦中需要获得 pH 4.0～5.0 范围的固相 pH 梯度，在梯度混合器的贮液室中放入 pK 9.3 为主的 Immobiline 作为碱性凝胶，在混合室中放入 pK 4.6 为主的 Immobiline 作为酸性凝胶，然后开启梯度混合器进行 pH 梯度灌胶（类似于用 pK 9.3 的碱性凝胶去滴定 pK 4.6 的酸性凝胶），当凝胶聚合以后，这样就会在电泳槽中形成从下往上，pH 从 4.0 到 5.0 的固相 pH 梯度凝胶。

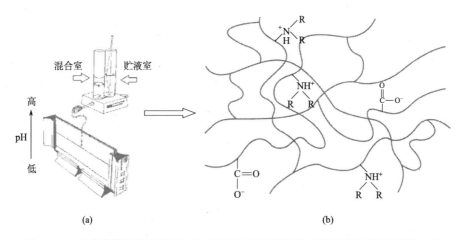

图 23-3　pH 梯度凝胶灌胶装置（a）以及具有固相弱酸、弱碱缓冲基团的凝胶（b）

所以固相 pH 梯度与载体两性电解质 pH 梯度的区别在于前者的介质不是两性分子，在凝胶聚合时便形成 pH 梯度；后者是两性分子，在电场中两性分子迁移到自己的等电点才形成 pH 梯度，不过两者的等电聚焦分离原理是相同的。

但是，要获得线性范围的固相 pH 梯度并非易事，需要多种 pK 值的 Immobiline 经过计算机精确配比计算。由于凝胶配比及梯度灌胶的烦琐，通常厂方会批量灌胶制备成多种固相 pH 梯度范围的凝胶，然后进行干燥处理，并剪切成条状的商品，即所谓"固相 pH 梯度干胶条（IPG 干胶条）"。当需要使用时，再将 IPG 干胶条水化处理即可，方便使用。应用 IPG 干胶条也可以单独进行等电聚焦分析或 pI 测定。另外，IPG 干胶条更方便应用于双向电泳。

IPGIEF 的主要特点是：

(1) 分辨率高，ΔpI < 0.001，pH 的使用范围可小至 0.1 pH 单位。

(2) pH 梯度稳定，不漂移，不随时间而变化。

(3) 重复性好，包括 pH 梯度的重复性和分离结果的重复性。

(4) 受盐的影响小。

(5) pH 梯度不会产生阴极漂移，而且很稳定，对碱性蛋白质能够得到很好的分

离。（对于 pI＞8 的蛋白质 pI 测定，建议采用 IPGIEF 测定）

（6）加样量大，可达到两性载体 IEF 的 10 倍，适合于制备。

（7）适合用于双向电泳。

3）SDS-PAGE

等电聚焦结束后进行第二向的 SDS-PAGE，SDS（十二烷基硫酸钠）是一种阴离子去污剂，一方面可以使蛋白质充分变性而改变原有结构，成为统一的伸展构象，另一方面可以与蛋白质充分结合，使蛋白质带上大量的负电荷，在这两种效应下，蛋白质在外加电场中的迁移率不再受蛋白质原有的形状和带电性质影响，而只取决于蛋白质的分子质量。因此 SDS-PAGE 可以根据蛋白质的分子质量不同将不同的蛋白质组分分开。

Ettan DALTsix 大型垂直电泳系统（图 23-4）可以放置 24cm 长的固相 pH 干胶条，达到最好的双向电泳分辨率。这种设计具有易于装配而且第二向电泳快速的特点。Ettan DALTsix 系统可同时处理 6 块胶（图 23-5）进行第二向电泳（26cm×20cm）。如果一次实验只需要使用部分胶块，其余槽缝需要插入空白板。电泳过程中可对缓冲液进行循环，使凝胶的温度保持恒定，再采用循环水浴控制缓冲液的温度。

Ettan DALTsix 系统包括用来制备实验凝胶的灌制模具（图 23-5 左边）。分离隔片置于两套凝胶玻璃盒之间，以便于在凝胶聚合后很容易从凝胶灌制模具中移走。可移动的前板简化了凝胶盒的安装与拆卸。DALTsix 凝胶灌制模具可容纳带有分离隔片的 6 个 1.0mm 凝胶盒，也可兼容带有分离隔片的 6 个 1.5mm 凝胶盒。灌制少于 6 块凝胶时可以通过插入空白板填充的方式来灌制。

图 23-4 Ettan DALTsix 大型垂直电泳系统（1）

4）显影和结果分析

电泳结束后需要对凝胶进行显影和结果分析。常用的显影方法有放射自显影或荧光成像、银染、考马斯亮蓝染色等。本实验采用银染法。银染的方法种类很多，目前有文

图 23-5　Ettan DALTsix 大型垂直电泳系统（2）

献报道的就有 100 多种。但是其准确的染色机制还不是特别清楚。大致的原理是银离子在碱性 pH 环境下被还原成金属银，沉淀在蛋白质的表面上而显色。由于银染的灵敏度很高，可染出胶上低于 1 ng 蛋白质点，故被广泛用于 2D 凝胶分析。

银染后的凝胶用扫描仪进行扫描，然后利用图像分析软件进行图像分析，找出差异表达的蛋白质。

5）质谱鉴定

找到感兴趣的蛋白质点后，可以增加样品的上样量重新进行一次双向电泳，然后通过考马斯亮蓝染色确定该目的点，切胶做进一步的肽段指纹图谱分析（PMF）或序列测定。随着质谱技术的不断完善和发展，目前也可以对银染后的 10^{-5} mol 级的蛋白质点直接进行分析测定。

6）实验范例

MEF、$FADD^{-/-}$ MEF 分别是正常小鼠胚胎成纤维细胞和 FADD 基因缺失的小鼠胚胎成纤维细胞，本实验拟通过双向电泳实验找出因 FADD 缺失而引起的细胞其他蛋白质表达的差异，以便利用质谱技术鉴定这些差异表达的蛋白质，从而探究 FADD 蛋白质的生物学功能。

23.3　实验仪器与器材

23.3.1　实验仪器

　①双向电泳灌胶槽　　　　②双向电泳等电聚焦仪
　③双向电泳垂直电泳仪　　④扫描仪
　⑤分析电脑　　　　　　　⑥超声仪

　⑦ 电子天平　　　　　　　　⑧ 磁力搅拌器

23.3.2　实验器材

　① 可调取液器　　　　　　　② 烧杯
　③ 量筒　　　　　　　　　　④ 培养皿
　⑤ 细胞刮取器　　　　　　　⑥ 记号笔
　⑦ 吸水纸　　　　　　　　　⑧ 平衡管
　⑨ 染色皿　　　　　　　　　⑩ 小摇床
　⑪ 镊子　　　　　　　　　　⑫ 剪刀
　⑬ 滤纸片

23.4　试剂与配制

23.4.1　实验试剂

（1）丙烯酰胺（Acr）。

（2）甲叉双丙烯酰胺（Bis）。

（3）过硫酸铵（AP）。

（4）四甲基乙二胺（TEMED）。

（5）三羟甲基氨基甲烷（Tris）。

（6）尿素（Urea）。

（7）十二烷基硫酸钠（SDS）。

（8）硫脲（Thiourea）。

（9）甘氨酸（Gly）。

（10）溴酚蓝。

（11）甘油。

（12）蔗糖。

（13）低熔点琼脂糖。

（14）甲醇。

（15）冰醋酸。

（16）固相 pH 梯度干胶条（IPG 干胶条）：pH 3～10（$T = 4\%$，$C = 3\%$）。

（17）IPG Buffer：pH 3～10。

（18）二硫苏糖醇（DTT）。

（19）碘乙酰胺（IAA）。

（20）盐酸。

（21）$Na_2S_2O_3$。

（22）CH_3COONa。

（23）$AgNO_3$。

（24）甲醛（formaldehyde）。

（25）EDTA。

（26）CHAPS。

23.4.2　试剂配制

1）蔗糖溶液的配制

0.25mol/L，pH 7.0 Tris-HCl 缓冲液含 10mmol/L 蔗糖。

2）细胞裂解液的配制

分别称取 Urea 16.82g，Thiourea 6.09g，CHAPS 1.6g 于烧杯中，先用少量双蒸馏水溶解，然后用双蒸馏水定容至 1000mL，混匀即可，最后加入 Pharmalyte 3-10，800μL。如果需要，使用前可加入蛋白酶抑制剂。分装成 500μL/管，保存于－20℃条件下。

3）1％溴酚蓝溶液配制

分别称取溴酚蓝 100mg，Tris 60mg 于烧杯中，先用少量双蒸馏水溶解，然后用双蒸馏水定容至 10mL，混匀即可。

4）水化溶液贮备液配制

分别称取 Urea 12g，CHAPS 0.5g 于烧杯中，先用少量双蒸馏水溶解，然后用双蒸馏水定容至 25mL，最后加入 1％溴酚蓝溶液 50μL，IPG Buffer（pH 3～10）125μL 即可。分装成 2.5mL/份保存于－20℃。使用前加入 DTT，每 2.5mL 贮备液中加入 7mg DTT。

5）4×分离胶缓冲液（F）配制

称取 Tris 181.7g 于烧杯中，先用 750mL 双蒸馏水溶解，然后用盐酸调节 pH 至 8.8，再用双蒸馏水定容至 1000mL，最后用 0.45μm 的滤膜过滤后保存在 4℃。

6）平衡缓冲液配制

分别称取 Urea 72.07g，SDS 4.0g 于烧杯中，先用少量双蒸馏水溶解，再加入 4× 分离胶缓冲液 6.67mL，87％甘油 69mL，1％溴酚蓝溶液 400μL，搅拌均匀，最后用双蒸馏水定容至 200mL。4℃保存可使用 1～2 周，也可以分装后保存在－20℃，可使用 1～2 年。使用前需加入 DTT 或者 IAA。

7）丙烯酰胺溶液（E）配制

分别称取 Arc 60g，Bis 1.6g 于烧杯中，先用少量双蒸馏水溶解，然后用双蒸馏水定容至 200mL，最后用 0.45μm 的滤膜过滤后避光保存在 4℃。

8）10％ SDS 溶液（G）配制

称取 SDS 5g 于烧杯中，先用少量双蒸馏水溶解，然后用双蒸馏水定容至 50mL，最后用 0.45μm 的滤膜过滤后室温保存。

9）10% AP 溶液配制

称取 AP 0.1g 于烧杯中，加 1mL 双蒸馏水溶解，混匀即可。使用前新鲜配制。

10）10× 电泳缓冲液配制

分别称取 Tris 30.3g，Gly 144g，SDS 10g 于烧杯中，先用少量双蒸馏水溶解，然后用双蒸馏水定容至 1000mL，室温保存。

11）琼脂糖封闭液配制

称取低熔点琼脂糖 0.5g 于烧杯中，用 100mL 电泳缓冲液溶解，最后加入 1% 溴酚蓝溶液 200μL，分装成每管 2mL，室温保存。

23.5　实验步骤

23.5.1　样品准备

（1）分别制备 MEF 和 FADD⁻/⁻ MEF 细胞裂解上清液：细胞在 37℃、5% CO_2 饱和湿度的细胞培养箱中培养，培养基为 DMEM，含 10% 新生牛血清及青霉素、链霉素各 1×10^5 U/L。当细胞培养密度达到 90% 的时候，胰酶消化收集细胞或直接刮取细胞。细胞先用预冷的 PBS 洗 2 遍，再用蔗糖溶液洗 2 遍，每次 2000r/min 离心 5min，收集细胞。细胞可保存于 −80℃ 或立即裂解用于双向电泳。

注：本实验中收集 1 个直径 10cm 的平皿中的细胞可用于一次 2D 实验。2D 实验所需细胞量与细胞种类、细胞中的蛋白表达量有关。

（2）在收集的细胞中加入 100μL 细胞裂解液（细胞裂解液的量约为所收集细胞体积的 5 倍），用 200μL 的移液器吹打均匀，并于振荡器上振荡 1h 以上，直到细胞裂解液不再黏稠为止。40000g* 超速离心 1h，小心吸取上清液，千万不要将管底的沉淀吸起，否则会严重影响样品的质量，最终影响双向电泳的结果。

注：样品制备是整个双向电泳过程中最为关键的一步，样品制备的质量直接影响 2D 的结果。对于植物或其他难以裂解的样品，细胞裂解液可能不能完全裂解样品，可以使用超声波裂解、高压法、研磨法、机械匀浆法等较强烈的裂解方法。

（3）测定细胞裂解上清液的蛋白质浓度。

（4）所得细胞裂解上清液可直接用于双向电泳，或保存于 −80℃，保存时间不要超过 7 天。

23.5.2　等电聚焦（IEF）

1）IPG 干胶条的水化

等电聚焦使用的商品化 IPG 干胶条是干燥脱水的，水化和加样的过程可以同时进

---

* 40000g 表示离心力大小，与转速和离心率半径有关。$g \approx 9.08 m/s^2$。

行，以减少样品损失。水化上样法适用于大体积、大量和浓度较低的样品的加样和分离。由于没有特定的加样点，这种方法不会出现用加样杯加样时在加样点产生沉淀的现象。另外，这种方法较其他方法技术简单，可避免使用加样杯时可能产生的渗漏问题。

（1）取出保存在—20℃的水化溶液贮备液，每 2.5mL 加入 7mg DTT，将细胞裂解上清液与一定体积的水化液充分混合。

注：样品上样量由胶条的型号决定。本实验采用的胶条型号是 24cm，pH 3～10（线性），因此样品上样量是 200μg。样品上样总体积也与所选用的胶条有关，具体参见表 23-1。可以根据上步实验所测得的细胞裂解上清液中的蛋白质浓度，调整所需的细胞裂解上清液的量，并补足水化液至终体积 450μL。

表 23-1　不同胶条所需的样品上样量

IPG 干胶条长度/cm	每干胶条上样总体积/μL
7	125
11	200
13	250
18	340
24	450

（2）样品和水化液充分混合后开始向上样槽上样。用移液器吸取制备好的上样液，至常规胶条槽中，将溶液沿槽道的全长均匀分布（图 23-6）。

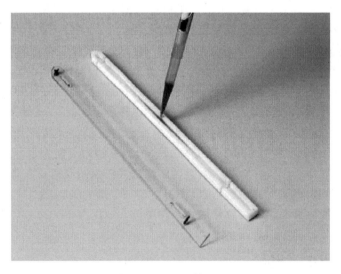

图 23-6　IEF 上样（1）

（3）从阳极开始（＋端），小心揭去固定化干胶条的覆盖膜（图 23-7）。

（4）小心地将胶条放入槽中，使水化溶液均匀分布于胶条下。要使凝胶完全被覆盖，可轻轻地抬起按下胶条，并在溶液表面前后滑动，注意千万不要在胶条下面产生气

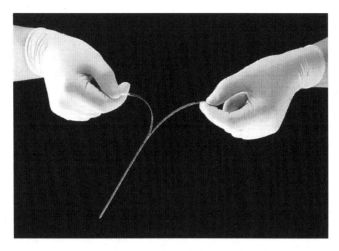

图 23-7　IEF 上样（2）

泡，胶条的末端需超出阴极位置（图 23-8）。

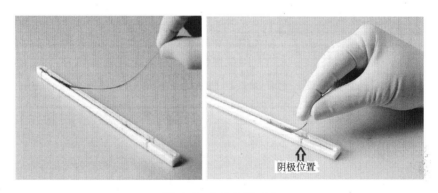

阴极位置

图 23-8　IEF 上样（3）

（5）用干胶条覆盖油覆盖胶条（图 23-9）。

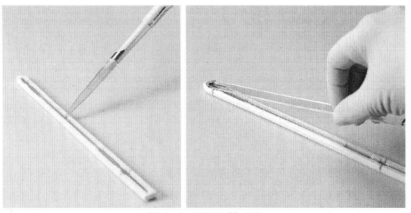

图 23-9　IEF 上样（4）

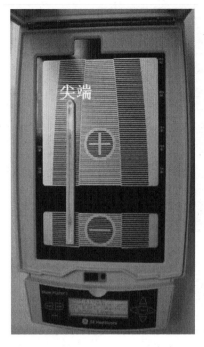

图 23-10　等电聚焦装置

（6）在胶条槽上加盖。按压盖子下面的垫块，确保胶条在溶胀过程中与电极接触良好（图 23-9）。

（7）水化过程可在实验台或 Ettan IPGphor 操作平台上进行，确保槽位于水平的表面上。水化过程需要 10h 以上，建议过夜。水化过程可作为 Ettan IPGphor 系统电泳的第一步而在控制软件中编程，设定温度为恒温 20℃，30V 电压水化 10h。

2）等电聚焦

（1）将胶条槽正确放置到 Ettan IPGphor 电泳仪的平台上，可利用标在电泳仪平台两侧的标记调整各胶条槽的位置，确保胶条槽的尖端盖在阳极上（指向电泳仪的后面），而平端盖在阴极上。检查位于各胶条槽底部的两个外部电极是否与电泳仪平台金属对金属接触良好。盖上安全盖（图 23-10）。

注：随着等电聚焦的进行，溴酚蓝示踪染料会向阳极移动，在等电聚焦完成前染料会完全泳出胶条的聚焦部分，因此染料的泳出并不意味着样本已经聚焦。若染料不移动，说明没有电流，这种情况下，需检查胶条槽外部的电极表面与设备上的电极区域是否接触良好，以及电极内面与胶条之间的接触。

（2）聚焦程序：聚焦步骤应以伏时控制，以确保聚焦结果的可重复性。具体参见表 23-2。

表 23-2　聚焦所需伏时

电压/V	时间/h	伏时/V·h
30	10	300
500	1	500
1000	1	1000
8000	8	64 000
500	此时聚焦已经结束，加电压是防止蛋白质扩散	

23.5.3　第二向 SDS-PAGE 垂直电泳

1）平衡固相 pH 干胶条

（1）等电聚焦电泳结束后应该立即进行凝胶平衡，或者将 IPG 胶条保存在 −60℃ 以下，在一周内进行第二向 SDS-PAGE。在进行第二向电泳前要对胶条进行平衡，平衡后不要存放胶条，立即进行第二向电泳。

（2）在对胶条进行平衡步骤前，先要制备好用于第二向电泳的凝胶，并且能够与固相 pH 干胶条相匹配。本实验需要制备两块 24cm 的 SDS 聚丙烯酰胺凝胶。

（3）将两根 IPG 胶条分别放入两个平衡试管中，使支持膜贴着管壁。

（4）准备 40mL 的 SDS 平衡缓冲液，平均分成两份，向其中一份加入 DTT（每 10mL 液体中加入 100mg DTT）（A），另一份加入碘乙酰胺（每 10mL 液体中加入 400mg 碘乙酰胺）（B）。

（5）在每个平衡试管中各加入 10mL 的 SDS 平衡缓冲液 A（含 DTT），用盖子盖住平衡试管或用封口膜将试管封好，平放在摇床上平衡 15min。

（6）倒出上一步骤中的缓冲液，再向每个平衡管中各加入 10mL 的 SDS 平衡缓冲液 B（含碘乙酰胺），用盖子盖住平衡试管或用封口膜将试管封好，平放在摇床上平衡 15min。

（7）放置凝胶，准备电泳设备，将预制胶加入凝胶模具中，密封液的溶解可在胶条平衡时进行。

2）SDS-PAGE

（1）预备步骤。为了便于清洗和排水，将电泳槽置于接近水槽的位置。将连在热交换装置上的管道连接到一个恒温控制仪上，整个电泳过程中设置恒温控制仪的温度为 10℃。

（2）准备阳极和阴极缓冲液（阳极缓冲液为 1× 电泳缓冲液 4.5L，阴极缓冲液为 2× 电泳缓冲液 0.8L）。

（3）准备阳极装置。将阳极装置/凝胶盒托架插入凝胶槽中。阳极装置的形状设计使其只能按一个方面插入。装置的边缘应与电泳槽的间隙接触并匹配。

（4）加入阳极缓冲液。将稀释好的阳极缓冲液加入到 DALTsix 电泳系统的电泳槽中，打开泵。

（5）打开温度控制器，设置温度，本实验中设置的是 10℃。

（6）准备上槽。一旦凝胶插入 Ettan DALTsix 后，就形成了上槽。

（7）将平衡后的固相 pH 干胶条应用于 SDS 胶。

① 放置固相 pH 干胶条：将平衡后的固相 pH 干胶条在 SDS 电泳缓冲液中浸润一下，胶条阳极对着左端，凝胶面朝上放置在较长玻璃板长出的边缘上方。

② 确保固相 pH 干胶条接触良好：用一薄塑料尺将固相 pH 干胶条轻轻地向下推，使固相 pH 干胶条的下部边缘与板状胶的上侧边完全接触。确保在固相 pH 干胶条与板装胶侧边之间以及胶条支持膜与玻璃板之间无气泡产生（图 23-11）。

③ 加入分子质量标记蛋白质：将 10μL 的蛋白质标准液滴加到上样滤纸片上。然后用镊子将上样滤纸片放置在固相 pH 干胶条末端一侧的凝胶侧边上方。

注：进行考马斯亮蓝染色，标准溶液的各种蛋白质成分必须含有 200～1000ng 的量；进行银染必须在 10～50ng。

④ 将固相 pH 干胶条密封在固定位置上：用琼脂糖进行密封可以防止固相 pH 干胶条在电泳缓冲液中滑动或漂浮。当密封液降温至用手感不烫时，缓慢地吸取足够量的密

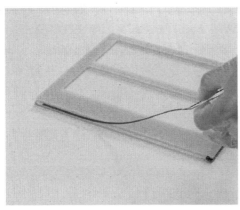

图 23-11　胶条转移到第二向凝胶上

封液将固相 pH 干胶条固定在一定位置上。吸取的速度要慢，防止气泡产生。使用最低量的琼脂糖密封液使固相 pH 干胶条完全覆盖住，要使密封液冷却并完全固化大约需要 1min（图 23-12）。

图 23-12　琼脂糖融封胶条

（8）将凝胶插入到 Ettan DALTsix 中。

① 将模具插入到胶盒托架中，并且用空白插板填充空白的间隙处（图 23-13）。

② 所有 6 个槽都被占满后，用蒸馏水调节缓冲液水平，使得稀释的阳极缓冲液水平达到标记在设备上的"LBC stat fill"位置。

③ 放置上层缓冲液槽。

④ 在一个独立的容器中，稀释阴极缓冲液到 0.8L。然后混合并倒入上缓冲液槽。

⑤ 合上盖子。连接电源通电。

（9）电泳条件。电泳在恒定功率下进行，分两个步骤（表 23-3）。当染料的前沿距离凝胶底部大约有 1cm 时，停止电泳。

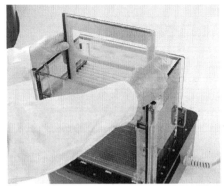

图 23-13 胶板插入第二向托架中

表 23-3 SDS-PAGE 电泳条件

步骤	功率/W	时间
1	2.5	30min
2	25	至电泳结束

（10）电泳结束后，将凝胶从模具中移出，进行染色。

附：自制 SDS 凝胶的配方

表 23-4 自制 SDS 凝胶的配方

凝胶浓度 T/%	5	7.5	10	12.5	15
凝胶单体溶液（E）/mL	16.7	25	33.3	41.7	50
4×分离胶缓冲液（F）/mL	25	25	25	25	25
10% SDS（G）/mL	1	1	1	1	1
双蒸馏水/mL	56.8	48.5	40.2	31.8	23.5
10% AP/μL	500	500	500	500	500
TEMED/μL	33	33	33	33	33
总体积/mL	100	100	100	100	100

23.5.4 显影

银染方法的具体步骤如表 23-5 所示。

表 23-5 银染方法的步骤

步 骤	试 剂：250mL / 胶（16cm×18cm）	时间
1. 固定	甲醇 100mL，乙酸 25mL，milli-Q 水 125mL	60min
2. 敏化	甲醇 75mL，$Na_2S_2O_3$ 0.5g，CH_3COONa 17g，milli-Q 水 165mL	30min
3. 洗涤	milli-Q 水 250mL	3×5min
4. 银染	$AgNO_3$ 0.625g，milli-Q 水 250mL	20min

续表

步 骤	试 剂：250mL/胶（16cm×18cm）	时间
5. 洗涤	milli-Q 水 250mL	2min
6. 显色	Na$_2$CO$_3$ 6.25g，甲醛 100μL，milli-Q 水 250mL	2～10min
7. 终止	EDTA 3.65g，milli-Q 水 250mL	10min
8. 洗涤	milli-Q 水 250mL	3×5min

23.6 数据处理

（1）染色完毕的凝胶用 ImageScanner 扫描保存，扫描前扫描仪需要先校正 ImageScanner。桌面扫描仪能用透射和反射两种模式捕获光学信息 0～3.4 O.D. 范围内的可见光信息。在 300dpi 分辨率下扫描 20cm×20cm 凝胶，用时 40s。扫描结果参见图 23-14。

（2）简单的软件分析程序。

（3）通过软件分析找到差异点后可以通过 Ettan 切点仪或手动切点切下差异点凝胶块，用基质辅助的激光解吸-电离飞行时间质谱法（MALDI-TOF MS）鉴定蛋白质。

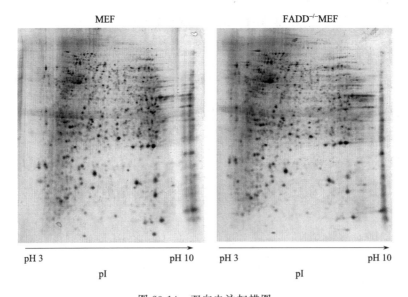

图 23-14 双向电泳扫描图

23.7 注意事项

双向电泳过程中常会出现的问题以及应该采取的解决办法。

23.7.1　总的策略

(1) 化学试剂纯度要高，至少是分析级，目前国产试剂达不到纯度要求。

(2) 一定要使用去离子水。

(3) 尿素和丙烯酰胺/甲叉丙烯酰胺需新鲜配制。

(4) 包含尿素的溶液加热温度不超过 37℃，否则会发生蛋白质氨甲酰化。

(5) 过滤所有的溶液，使用干净无灰尘的容器。

23.7.2　样品制备

(1) 裂解缓冲液必须新鲜配制。实验中分装成 1mL，于 −70℃ 冷冻保存，裂解缓冲液一旦溶解不能再冷冻。

(2) 如有必要，在细胞裂解时加入蛋白酶抑制剂。

注：几种蛋白酶抑制剂在 DTT 存在时失效。

(3) 40000g 离心 1h 以去除蛋白质提取液中的不溶物。

23.7.3　灌胶

(1) 过硫酸铵溶液需新鲜配制。40% 过硫酸铵溶液储存于冰箱中只能使用 2～3 天，低浓度过硫酸铵溶液只能当天使用。

(2) TEMED 需要比较新鲜。

23.7.4　IPG 胶条的溶胀及第一向 IEF

(1) IPG 胶条溶胀时，其胶面与胶条槽之间避免产生气泡。采用胶条槽溶胀时，胶条上需要覆盖硅油以防止溶胀液挥发。

(2) 为使样品进入胶的效率增加，采用 30V 低电压溶胀。

(3) IEF 结束后，如果 IPG 胶条暂时不进行第二向电泳，可于 −70℃ 冷冻保存。

(4) 上样附件有水析出是因为样品盐浓度过高，可脱盐或稀释样品，低电压上样，延长样品进入胶的时间。

23.7.5　IPG 胶条平衡和第二向（SDS-PAGE）

(1) 平衡时间应该充分长（至少 2×10min）。

(2) 平衡缓冲液第一步加入 DTT 是为了使蛋白质去折叠；第二步加入碘乙酰胺是为了去除多余的 DTT（银染过程中，DTT 会导致点拖尾）。

(3) 蛋白质从第一向（IPG 胶条）到第二向（SDS 胶）的转移为避免点拖尾和损失高分子质量蛋白质，应缓慢进行。

23.7.6　银染

(1) 使用纯度高的化学试剂。

(2) 使用高纯去离子水或双蒸馏水。

（3）使用干净无灰的容器。

（4）不要用手去碰胶，戴手套或使用镊子。

表 23-6　双向电泳存在的问题及解决方法

SDS 胶上只能看见很少（或没有）蛋白质的可能原因	解决办法
样品制备方法不合适	做双向电泳前，估计样品中蛋白质浓度
蛋白质进入 IPG 胶条不充分	采用低电场强度开始 IEF
IPG 胶条和 SDS 胶之间结合不好	轻压 IPG 胶条，使其与 SDS 胶充分结合
蛋白质从一向到二向转移效率低	采用低电场强度进行蛋白质转移，用去污剂提高蛋白质的溶解度
银染方法不正确	检查方法
甲醛氧化	用新的甲醛
显色液 pH 不正确	检查显色液 pH
SDS 胶上丢失低分子质量或高分子质量蛋白质的可能原因	解决办法
低分子质量蛋白质没有被充分固定	用 20％TCA 或戊二醛代替 40％乙醇和 10％乙酸
蛋白酶降解高分子质量蛋白质	使样品中内源性蛋白酶失活
高分子质量蛋白质从一向到二向转移率低	采用低电场强度进行蛋白质转移
胶的背景脏	解决办法
样品中内源性蛋白酶没有失活	使样品中内源性蛋白酶失活
银染中清洗步骤不充分	进行足够次数的清洗
两性电解质和 SDS 或其他去污剂形成的复合物	胶固定的时间＞3h 或过夜，充分清洗去除复合物
试剂质量差	使用高纯度试剂
水的质量差	电导＜2μS
胶条槽被蛋白质污染	彻底清洗胶条槽

	IPG Strips					IPG Buffers							
	Strip length					pH range							
	24 cm	18 cm	13 cm	11 cm	7 cm	3.5-5.0	5.5-6.7	4-7	6-11	7-11 NL	3-10 NL	3-10	3-11 NL
Narrow													
3.5-4.5	×					●							
5.3-6.5	×	×	×	×	×		●						
6.2-7.5	×	×	×	×	×				●				
Medium													
3-5.6 NL	×	×	×	×	×	●							
3-7 NL	×							●					
4-7	×	×	×	×	×			●					
6-9	×	×							●				
6-11		×	×	×	×				●				
7-11 NL	×	×	×	×	×					●			
Wide													
3-10	×	×	×	×	×							●	
3-11 NL	×												●
3-10 NL	×	×	×								●		

图 23-15　IPG 干胶条和 IPG Buffer 的选择搭配表

23.8　思考题

（1）本实验双向电泳可用于非变性胶的分析吗？为什么？

（2）IPGIEF 的 pH 梯度是在什么时候建立的？

（3）在第一向等电聚焦结束后为什么要进行两步平衡后才能开始第二向电泳呢？其目的是什么？

（4）2DE 步骤较多，得到较好的电泳图谱不是很容易，你认为在整个实验过程中影响最终结果的最为关键的几个步骤是什么？

实验 24　基因融合蛋白质的纯化

24.1　实验目的与要求

（1）了解基因融合重组表达蛋白质的分离纯化原理。

（2）熟悉基因融合蛋白质的纯化方法及应用。

24.2　实验原理

随着基因工程药物的不断开发，对于基因重组表达的蛋白质生产，有两方面的问题需要解决：一是扩大生产规模，二是对大量产品的纯化。通过大规模的工程菌发酵或细胞培养等能够解决产量问题，但是对于大量重组表达的目标蛋白质进行分离纯化则任务繁重，耗费巨大。尤其是药典中对于注射用的基因重组蛋白质质量的几十项检验指标都极其严格，其中对蛋白质纯度的要求，几近 100%。为了突破基因工程产品纯化的瓶颈，基因融合蛋白质纯化（gene fusion protein purification）技术的建立，起到了创新作用。

基因融合蛋白质纯化方法主要是借助了亲和层析专业、快速和高效的特性。该技术采用系统性整合，即在构建药物蛋白质基因的上游初始阶段就事先考虑到下游纯化的设计，其创意是在目标蛋白质的基因上多重组一段亲和标签基因（affinity tag）。例如，接上一段（His）$_6$ tag 基因，这样在基因重组表达出来的目标蛋白质分子上就会多出一段由 6 个组氨酸残基组成的寡肽标签，这就是基因融合重组蛋白质。而采用（His）$_6$ tag 的原因，就是准备在该产品的下游纯化阶段采用金属螯合层析，因为组氨酸寡肽能够吸附到金属螯合柱上（其原理参见本书实验 8），因而能够方便对于大量基因工程产品的提取液进行直接快速而有效的纯化，参见图 24-1（Ni^{2+}离子 MCC）。

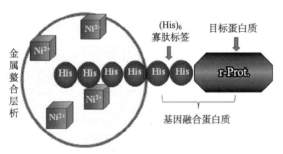

图 24-1　Ni^{2+}离子 MCC 吸附
（His）$_6$tag 基因融合蛋白质示意图

应用同样的上游设计方法，可以在目标蛋白质分子的基因上接上 GST（glutathione-S-transferase，谷胱甘肽转移酶）亲和标签基因，重组表达出含有 GST 的融合蛋白质，这样就可以在下游阶段采用以谷胱甘肽（glutathione，GSH）为配体（ligand）的亲和层析。而谷胱甘肽转移酶标签与谷胱甘肽配体的结合更具有专一性，因此，能够更好地实现"又好又快"的高产量纯化目标。对于纯化的基因融合蛋白质，如果需要，可以采用相应的工具酶再将其标签进行切割分离，这样就可以得到高纯度的目标蛋白质。如采用 thrombin（凝血酶）或 Factor Xa 专业位点切割掉 GST tag；用 N. B.

Enterokinase（肠激酶）专业位点切割掉（His）₆ tag 而不留下任何额外附加的氨基酸。

目前，已有多种融合蛋白质的基因重组、表达和分离纯化的应用解决方案，参见图 24-2、表 24-1。

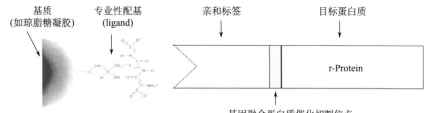

图 24-2　基因融合蛋白质的亲和标签示意图

表 24-1　几种亲和标签与配体的配对表

亲和标签	配体
glutathione–S–transferase（GST）	glutathione
Oligo（Histidine）	Nickel ions
E tag sequence	Anti-E antibody
ZZ（domain B of protein A）	IgG
Protein A	IgG

对于 GST 基因融合蛋白质的实际纯化也有不同的优化方法，如图 24-3 所示。

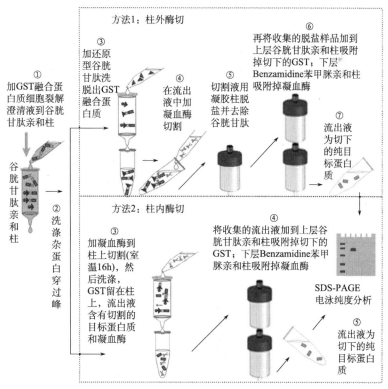

图 24-3　GST 基因融合蛋白质的柱外与柱内酶切纯化方法比较示意图

各阶段实际纯化的 SDS-PAGE 电泳分析结果如下：

（8%~18% 梯度凝胶 SDS-PAGE，银染）

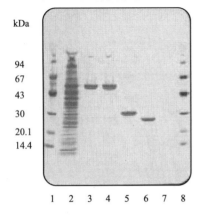

1. 低分子质量标准蛋白质 Marker
2. 表达 GST 融合蛋白质的细胞裂解液
3. 方法 1 第③步 GST 融合蛋白质流出液
4. 方法 1 第③步 GST 融合蛋白质流出液
5. 切割后去除 GST 和酶的纯目标蛋白质
6. 切割下的游离 GST
7. 凝血酶溶液（20U/mL，用量极少）
8. 低分子质量标准蛋白质 Marker

图 24-4　各阶段纯化步骤
SDS-PAGE 电泳分析图

除了有凝血酶柱外、柱内酶切 GST 融合蛋白质的纯化方法外，还有更简便的 PreScission Protease。另外，还可以利用基因融合表达的亲和标签其酶活性（如标签 GST 酶的活性）或其抗体［如 GST 酶的抗体或作为半抗原特性用（His）₆ 融合蛋白制备的抗（His）₆ 抗体］，进行融合蛋白质表达过程和纯化过程的专业检测和跟踪分析（如表达量、回收率及纯度等），有关更多方面的内容详由理论课讲述。

注：本实验配合基因工程综合实验的纯化部分，亦可作为独立实验。

24.3　实验仪器与器材

24.3.1　实验仪器

① 紫外检测仪　　　　　② 计算机及色谱工作站装置
③ 磁力搅拌器　　　　　④ 恒流泵
⑤ 电子天平　　　　　　⑥ 混合器
⑦ 自动部分收集器

24.3.2　实验器材

① 层析柱：Φ1.0cm×10cm　② 烧杯
③ 量筒　　　　　　　　④ 可调取液器
⑤ 剪刀　　　　　　　　⑥ 镊子
⑦ 玻璃棒　　　　　　　⑧ 骨勺
⑨ 称量纸　　　　　　　⑩ 吸水纸
⑪ 保鲜膜　　　　　　　⑫ 标签纸或记号笔
⑬ 0.45μm 滤膜　　　　　⑭ 0.22μm 滤膜

24.4 试剂与配制

24.4.1 实验试剂

（1）三羟甲基氨基甲烷（Tris）。

（2）盐酸。

（3）NaCl。

（4）KCl。

（5）Na_2HPO_4。

（6）KH_2PO_4。

（7）谷胱甘肽亲和载体（glutathione sepharose 4B）2mL。

（8）还原型谷胱甘肽（reduced glutathione，M_r：307.3）。

（9）牛凝血酶（bovine thrombin，M_r：37 000）。

（10）样品：表达 GST 融合蛋白质的 *E. coli* 细胞裂解液。

样品另由基因工程综合实验表达和抽提，抽提方法参见附注。如单采用 GST 粗品，则可作为纯化 GST（M_r 26kDa）的亲和层析实验。

24.4.2 试剂配制（所有缓冲溶液配制后需用 0.45μm 滤膜过滤）

1）平衡缓冲液 1×PBS，pH 7.3

140mmol/L NaCl，2.7mmol/L KCl，10mmol/L Na_2HPO_4，1.8mmol/L KH_2PO_4，pH 7.3，100mL。

2）洗脱缓冲液 TBS，pH 8.0

50mmol/L，pH 8.0 Tris-HCl 含 10mmol/L 还原型谷胱甘肽，20mL。

3）凝血酶溶液（1U/μL）

溶解 500 个活性单位（U）的凝血酶于 4℃ 预冷的 0.5mL pH 7.3 的 1×PBS 中，轻轻搅拌（需 −80℃ 保存）。

4）柱清洗溶液

50mmol/L，pH 8.0 Tris-HCl 含 0.5mol/L NaCl，10mL。

5）样品溶液

表达 GST 融合蛋白质的 *E. coli* 细胞裂解离心上清液约 10mL（约含 5mg GST 融合蛋白质），用 0.22μm 滤膜过滤（裂解液可用 pH 7.3 的 1×PBS 配制，参见附注）。

如为 GST 粗品，则用 1×PBS（5mL）直接溶解，过滤。

24.5　实验步骤

24.5.1　装柱

取 glutathione sepharose 4B 凝胶约 2mL（已洗去 20％乙醇保护液），置于烧杯中，并加有约 1 倍凝胶体积的 1×PBS，按照常规方法装柱至 1cm 高。

24.5.2　平衡

用恒流泵换以 pH 7.3，1×PBS 平衡缓冲液，层析流速 0.5mL/min，平衡 5 倍柱床体积。期间启动已连接并调试完毕的紫外检测仪、色谱工作站、计算机、部分收集器等装置，使整个系统处于工作准备状态（自动部分收集器设定为 4min/管，即 2mL/管，调节紫外检测仪的光吸收 A_{280nm} 零点至色谱工作站的记录基线）。

24.5.3　加样与柱内壁清洗

按照常规柱加样、清洗的方法加实验指定的样品（5～10mL），加样的速度要慢，要小于层析时的流速（加样开始，即启动部分收集和色谱工作站记录软件进行记录）。

24.5.4　洗涤

加样、清洗后继续用 pH 7.3，1×PBS 平衡缓冲液洗涤穿过峰至基线，约需 10 倍柱床体积。

24.5.5*　柱内酶切（如果柱外酶切或纯化 GST 粗品，则跳至步骤 24.5.7）

（1）柱内凝血酶酶切溶液配制：取 80μL 凝血酶溶液（1U/μL）与 920μL 1×PBS 混合（本例按照每毫克 GST 融合蛋白质需要 10U 凝血酶配制 1mL，实际配制体积应该与柱床体积相等；凝血酶用量也可根据实际 GST 融合蛋白质的量调整）。

（2）待穿过峰洗涤至基线时，关闭恒流泵，打开柱塞，将柱内液体降至床面时，关闭柱底端出口。吸取 1mL（应与柱床体积相等）含 80U 的凝血酶溶液轻轻加入到柱内，轻轻打开柱底端出口，使凝血酶溶液慢慢进入到柱床中，关闭柱底端出口，盖上柱塞，于室温静置，柱内酶切 2～16h（此时可关闭色谱工作站等所有仪器）。

24.5.6*　洗涤切割下的目标蛋白质

提前半小时打开色谱工作站等所有仪器，打开柱塞，在柱内加入一定高度的 1×PBS，装好柱塞，打开柱底端出口和记录软件，用恒流泵继续以 1×PBS 洗涤约 8 倍柱床体积，此时有切割掉 GST 的目标蛋白质洗涤峰出现（其中含有极少量的凝血酶），注意此步骤开始收集改成 0.5mL/管（或根据峰收集）。

24.5.7　洗脱酶切后依然吸附留在柱上的 GST

将恒流泵换用 pH 8.0 TBS 洗脱缓冲液（含还原型谷胱甘肽）洗脱酶切后吸附留在

柱上的 GST，直至洗脱峰洗至基线。

注：如果是柱外酶切，从 24.5.4 步骤跳至此步骤洗脱得到的则是 GST 融合蛋白质。此时需要在合并的洗脱液中加入 80U 凝血酶溶液，酶解 2～16h，然后上以 1×PBS 平衡的脱盐凝胶柱（如 Sephadex G25 小柱），去除还原型谷胱甘肽和盐后，再上 GSH 柱去除切割下的游离 GST。如果上的样品是 GST 粗品，则此步骤洗脱得到的是纯化的 GST。

24.5.8　去除凝血酶

因为凝血酶用量极少（SDS-PAGE 银染也观察不到条带，参见上面的 SDS-PAGE 银染结果），因此，本实验不作要求。如果需要去除，可通过苯甲脒（benzamidine）亲和柱吸附掉凝血酶，或采用离子交换层析柱去除。

24.5.9　层析柱再生

（1）将恒流泵换用 1×PBS，以 5 倍柱床体积清洗柱子。
（2）将恒流泵换用柱清洗溶液，以 3 倍柱床体积清洗柱子。
（3）将恒流泵换用 1×PBS，以 5 倍柱床体平衡柱子，可再使用。

注：如果柱上有蛋白质沉淀可增加用 3 倍柱床体积 6mmol/L 盐酸胍（guanidinium hydrochloride）清洗柱子，然后再用 1×PBS 平衡。

（4）凝胶保存：用蒸馏水洗净后，保存于 20% 乙醇中。

24.6　数据处理

（1）打印出色谱工作站记录的洗脱曲线，分析分离图谱。
（2）12%T SDS-聚丙烯酰胺凝胶电泳检测。

分别取上样样品、穿过峰、酶切洗涤峰和 GST 洗脱峰与标准分子质量蛋白质 Marker 进行 SDS-PAGE 电泳，分析检测本次层析的分离纯化结果，并给出结论性实验报告。

24.7　思考题

（1）基因融合蛋白质纯化的实验方案是如何设计的？
（2）为什么基因融合蛋白质纯化具有快速、高效的特点？
（3）为什么 GST 融合蛋白质纯化方法更具有专业性？
（4）为什么 GST 融合蛋白质纯化后还需要酶切？
（5）目前有哪些基因融合蛋白质纯化的解决方案，各自的纯化依据是什么？

附注：

1. 表达 GST 融合蛋白质的 *E. coli* 细胞裂解即样品抽提（供参考）

取表达 GST 融合蛋白质的 *E. coli* 菌体 1g 悬浮于 10mL 细胞裂解液中，细胞裂解液可参考为 pH 7.3，1×PBS 中含有 1mmol/L PMSF，10mmol/L DTT，100mmol/L MgCl₂，0.5mg/mL lysozyme 和 1.7 U/mL DNase。

细胞悬浮裂解液在 4 ℃慢慢搅拌 1h 后，将细胞悬浮液－20℃冷冻，然后再融化，以冻融法进一步裂解。融化后于 4 ℃孵育 30min，以裂解染色体 DNA，并减少样品的黏度。

47 000g，4℃离心 20min 去除细胞碎片，上清液用 0.22μm 滤膜过滤后可以上样到谷胱甘肽亲和柱进行纯化。

2. GST 融合蛋白质的测定

1）CDNB 法谷胱甘肽转移酶（GST）的活力测定

该测定可以应用于检测细胞裂解抽提液中，柱纯化过程中和纯化后尚未酶切的 GST 融合蛋白质。也可以应用于单纯测定 GST（谷胱甘肽转移酶）。

试剂与配制：

（1）10×PBS 反应缓冲液：1mol/L，pH 6.5 磷酸钾缓冲液。

（2）CDNB：100mmol/L 1-chloro-2,4-dinitrobenzene（CDNB），用乙醇配制（CDNB 具有毒性，防止接触眼睛与皮肤）。

（3）还原型谷胱甘肽溶液：100mmol/L 还原型谷胱甘肽的双蒸馏水溶液（储存条件：－20℃，避免 5 次以上的反复冻融）。

测定步骤：

（1）在小离心管内分别加入：

蒸馏水	880μL
10×PBS 反应缓冲液	100μL
CDNB	10μL
还原型谷胱甘肽溶液	10μL
总体积	1000μL

（2）盖紧盖子反复双向摇动几次使其混合。

（3）分别取上述混合液 500μL 置于两个石英比色杯内，在样品比色杯内加样品 20μL（可在 5～50μL 范围内调整）；在空白比色杯内加 1×PBS 反应缓冲液 20μL（与样品等体积）。

（4）分别将两个比色杯盖上保鲜膜用手指压紧密封，上下颠倒几次使其混合。

（5）将空白比色杯置于紫外-可见分光光度计中，在 340nm 波长处调光吸收零点后，换入样品比色杯，用秒表在 2min 和 5min 时各读取 A_{340nm} 光吸收读数（ΔA_{340nm} 时间间隔可根据实际活力大小调整，亦可自动记录时间与 A_{340nm} 光吸收记录曲线 5min）。

（6）计算样品的 A_{340}／（min/mL）（即相对单位体积和时间的比活）定义为

$$\Delta A_{340nm} = A_{340nm(5min)} - A_{340nm(2min)}/(5-2)_{min} \times 样品体积$$

ΔA_{340nm} 的大小反映了酶活力差别，准确定量需要制作标准样品的 ΔA_{340nm} 与含量标准曲线，自动记录的时间与 A_{340nm} 光吸收记录曲线参见图 24-5。

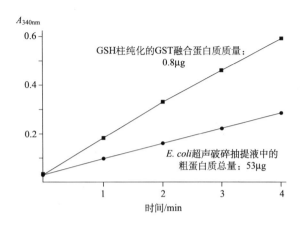

图 24-5　CDNB 法谷胱甘肽转移酶（GST）的活力测定曲线图

2）SDS-PAGE 并可结合 Blotting 测定 GST 融合蛋白质

参见本书中 SDS-PAGE 和 Blotting 方法，已经有应用于 Western Blotting 的 HRP 交联的 goat polyclonal anti-GST antibody 商品。

3）ELISA 测定 GST 融合蛋白质

参见本书中 ELISA 方法，已经有可应用于直接法 ELISA 测定的 HRP 交联的 goat polyclonal anti-GST antibody 商品；亦可采用 anti-GST antibody 作为一抗进行间接法 ELISA 测定。

另外，对于（His）$_6$ 融合蛋白质亦有 anti-His 抗体和 HRP 交联的 anti-His 抗体商品，因此也可以对其融合蛋白质进行 ELISA、Blotting 等专业检测。

（4）GST 融合蛋白质基因表达载体及 thrombin 酶切位点示意图见图 24-6。

（能够应用于任何表达系统）

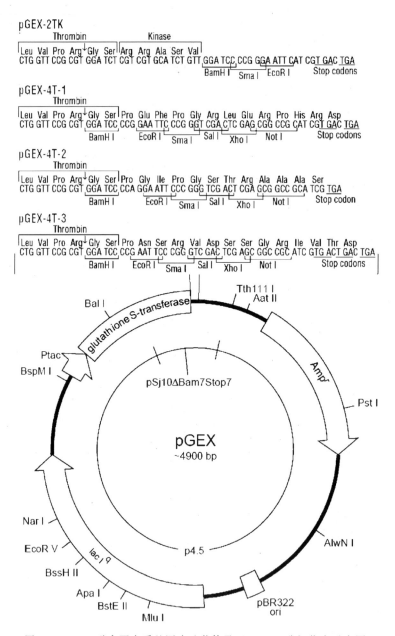

图 24-6　GST 融合蛋白质基因表达载体及 thrombin 酶切位点示意图

三　附　录

附录 A 聚丙烯酰胺凝胶电泳的蛋白质银染色法

A.1 实验目的与要求

（1）通过该实验了解并掌握聚丙烯酰胺凝胶的蛋白质银染色法。

（2）本实验适用于聚丙烯酰胺凝胶类电泳的蛋白质银染。

A.2 实验原理

蛋白质银染的机制还不是十分明确，一般原理为利用银离子与蛋白质以盐的形式结合，而后由甲醛将银离子还原成可见的银颗粒。蛋白质银染色法的灵敏度比考马斯亮蓝染色法高 100～1000 倍，可检测到纳克水平的蛋白质，尤其适合分析蛋白质含量少的样品，以及用于对样品纯度的高灵敏度分析和检测。

A.3 实验仪器与器材

A.3.1 实验仪器

① 磁力搅拌器   ② 水平脱色摇床

③ 天平   ④ 混合器

A.3.2 实验器材

① 培养皿   ② 烧杯

③ 量筒   ④ 吸管

⑤ 可调取液器   ⑥ 洗耳球

⑦ 骨勺   ⑧ 剪刀

⑨ 称量纸   ⑩ 吸水纸

⑪ 标签纸或记号笔

A.4 试剂与配制

A.4.1 实验试剂

（1）甲醇。

（2）乙醇。

（3）碳酸钠。

（4）冰醋酸。

（5）37％甲醛（毒性物质）。

（6）2％硫代硫酸钠贮液（称取 2g Na₂S₂O₃·5H₂O 溶于 100mL 双蒸馏水中）。

（7）4％硝酸银贮液（防止与皮肤接触，应佩戴手套）（称取 2g AgNO₃ 溶于 50mL 双蒸馏水中）。

A.4.2　试剂配制

1）固定液（50％甲醇，12％冰醋酸含 37％甲醛 50μL）

甲醇 50mL＋冰醋酸 12mL＋37％甲醛 50μL＋双蒸馏水 38mL＝100mL。

注：对于凝胶等电聚焦银染，固定液采用 20％三氯乙酸。

2）敏化溶液（0.02％硫代硫酸钠）

2％硫代硫酸钠 1mL＋双蒸馏水 99mL＝100mL。

3）银染溶液（0.2％硝酸银含 37％甲醛 75μL）

4％硝酸银 5mL＋37％甲醛 75μL＋双蒸馏水 95mL＝100mL（现用现配）。

4）显色液（6％碳酸钠含 37％甲醛 50μL 和 2％硫代硫酸钠 20μL）

碳酸钠 6g＋37％甲醛 50μL＋2％硫代硫酸钠 20μL＋双蒸馏水 100mL（现用现配）。

5）终止液（50％甲醇，12％冰醋酸）

甲醇 50mL＋冰醋酸 12mL＋双蒸馏水 38mL＝100mL。

6）储存液（1％乙酸）

冰醋酸 50mL＋双蒸馏水 50mL＝100mL。

提示：市售甲醛一般为 37％的水溶液，应事先检查溶液的 pH 大于 4.0。

注：凡溶液中一旦加入甲醛均需立即使用（即现用现配）。

A.5　实验步骤（需要采用脱色摇床）

（1）固定：用固定液固定 60min。

（2）清洗：用 50％乙醇清洗 3 次，每次浸泡孵育 20min。

（3）敏化：用 0.02％硫代硫酸钠敏化溶液，浸泡 15～30min。

（4）水洗：用双蒸馏水清洗 3 次，每次浸泡孵育 1min。

（5）银染：用银染溶液染色 20min。

（6）水洗：用双蒸馏水清洗 3 次，每次浸泡孵育 20s。

（7）显色：用碳酸钠显色液显色 20～40min。（可通过实际观察显色情况调整时间）

（8）水洗：用双蒸馏水清洗 3 次，每次浸泡孵育 20s。

（9）终止：用终止液浸泡孵育 30min。

（10）清洗：用 50％甲醇浸泡孵育 20min。

（11）储存：储存于 1％乙酸储存液中。

A.6　图像处理

用凝胶电泳图像系统采集凝胶图像和数据处理。

附录 B 常用缓冲液的配制方法

B.1 甘氨酸-盐酸缓冲液（0.05mol/L）

X mL 0.2mol/L 甘氨酸＋Y mL 0.2mol/L HCl，再加水稀释至 200mL。

pH	X	Y	pH	X	Y
2.2	50	44.0	3.0	50	11.4
2.4	50	32.4	3.2	50	8.2
2.6	50	24.2	3.4	50	6.4
2.8	50	16.8	3.6	50	5.0

甘氨酸相对分子质量＝75.07。

0.2mol/L 甘氨酸溶液对应浓度为 15.01g/L。

B.2 邻苯二甲酸氢钾-盐酸缓冲液（0.05mol/L）

X mL 0.2mol/L 邻苯二甲酸氢钾 ＋ Y mL 0.2mol/L HCl，再加水稀释至 20mL。

pH（20℃）	X	Y	pH（20℃）	X	Y
2.2	5	4.670	3.2	5	1.470
2.4	5	3.960	3.4	5	0.990
2.6	5	3.295	3.6	5	0.597
2.8	5	2.642	3.8	5	0.263
3.0	5	2.032			

邻苯二甲酸氢钾相对分子质量＝204.23。

0.2mol/L 邻苯二甲酸氢钾溶液对应浓度为 40.85g/L。

B.3 柠檬酸-氢氧化钠-盐酸缓冲液

pH	钠离子浓度 /(mol/L)	$C_6H_8O_7 \cdot H_2O$ 柠檬酸/g	97%NaOH/g	HCl（浓）/mL	最终体积/L*
2.2	0.20	210	84	160	10
3.1	0.20	210	83	116	10
3.3	0.20	210	83	106	10
4.3	0.20	210	83	45	10
5.3	0.35	245	144	68	10
5.8	0.45	285	186	105	10
6.5	0.38	266	156	126	10

* 使用时可以每升中加入1g酚，若最后pH有变化，再用少量50%氢氧化钠溶液或浓盐酸调节，冰箱保存。

B.4 磷酸氢二钠-柠檬酸缓冲液

pH	0.2mol/L Na_2HPO_4/mL	0.1mol/L 柠檬酸/mL	pH	0.2mol/L Na_2HPO_4/mL	0.1mol/L 柠檬酸/mL
2.2	0.40	19.60	5.2	10.72	9.28
2.4	1.24	18.76	5.4	11.15	8.85
2.6	2.18	17.82	5.6	11.60	8.40
2.8	3.17	16.83	5.8	12.09	7.91
3.0	4.11	15.89	6.0	12.63	7.37
3.2	4.94	15.06	6.2	13.22	6.78
3.4	5.70	14.30	6.4	13.85	6.15
3.6	6.44	13.56	6.6	14.55	5.45
3.8	7.10	12.90	6.8	15.45	4.55
4.0	7.71	12.29	7.0	16.47	3.53
4.2	8.28	11.72	7.2	17.39	2.61
4.4	8.82	11.18	7.4	18.17	1.83
4.6	9.35	10.65	7.6	18.73	1.27
4.8	9.86	10.14	7.8	19.15	0.85
5.0	10.30	9.70	8.0	19.45	0.55

Na_2HPO_4 相对分子质量＝141.98，0.2mol/L溶液对应浓度为28.40g/L。

$Na_2HPO_4 \cdot 2H_2O$ 相对分子质量＝178.05，0.2mol/L溶液对应浓度为35.61g/L。

$C_6H_8O_7 \cdot H_2O$ 相对分子质量＝210.14，0.1mol/L溶液对应浓度为21.01g/L。

B. 5　柠檬酸-柠檬酸钠缓冲液（0.1mol/L）

pH	0.1mol/L 柠檬酸/mL	0.1mol/L 柠檬酸钠/mL	pH	0.1mol/L 柠檬酸/mL	0.1mol/L 柠檬酸钠/mL
3.0	18.6	1.4	5.0	8.2	11.8
3.2	17.2	2.8	5.2	7.3	12.7
3.4	16.0	4.0	5.4	6.4	13.6
3.6	14.9	5.1	5.6	5.5	14.5
3.8	14.0	6.0	5.8	4.7	15.3
4.0	13.1	6.9	6.0	3.8	16.2
4.2	12.3	7.7	6.2	2.8	17.2
4.4	11.4	8.6	6.4	2.0	18.0
4.6	10.3	9.7	6.6	1.4	18.6
4.8	9.2	10.8			

柠檬酸 $C_6H_8O_7 \cdot H_2O$ 相对分子质量＝210.14，0.1mol/L 溶液对应浓度为 21.01g/L。

柠檬酸钠 $Na_3C_6H_5O_7 \cdot 2H_2O$ 相对分子质量＝294.12，0.1mol/L 溶液对应浓度为 29.41g/mL。

B. 6　乙酸-乙酸钠缓冲液（0.2mol/L）

pH （18℃）	0.2mol/L 乙酸钠/mL	0.2mol/L 乙酸/mL	pH （18℃）	0.2mol/L 乙酸钠/mL	0.2mol/L 乙酸/mL
3.6	0.75	9.25	4.8	5.90	4.10
3.8	1.20	8.80	5.0	7.00	3.00
4.0	1.80	8.20	5.2	7.90	2.10
4.2	2.65	7.35	5.4	8.60	1.40
4.4	3.70	6.30	5.6	9.10	0.90
4.6	4.90	5.10	5.8	9.40	0.60

$CH_3COONa \cdot 3H_2O$ 相对分子质量＝136.09，0.2mol/L 溶液对应浓度为 27.22g/L。

B.7 丁二酸缓冲液 (0.05mol/L)

pH (25℃)	0.2mol/L 丁二酸/mL	0.2mol/L NaOH/mL	H₂O /mL	pH (25℃)	0.2mol/L 丁二酸/mL	0.2mol/L NaOH/mL	H₂O /mL
3.8	25	7.5	67.5	5.0	25	26.7	48.3
4.0	25	10.0	65.0	5.2	25	30.3	44.7
4.2	25	13.3	61.7	5.4	25	34.2	40.8
4.4	25	16.7	58.3	5.6	25	37.5	37.5
4.6	25	20.0	55.0	5.8	25	40.7	34.3
4.8	25	23.5	51.5	6.0	25	43.5	31.5

丁二酸 $C_4H_6O_4$ 相对分子质量 = 118.1，0.2mol/L 溶液对应浓度为 23.62g/L。

B.8 二乙醇胺-盐酸缓冲液 (0.05mol/L)

25mL 0.2mol/L 二乙醇胺 + X mL 0.2mol/L HCl，加水稀释至 100mL。

pH (25℃)	0.2mol/L HCl/mL	pH (25℃)	0.2mol/L HCl/mL
8.0	22.95	9.1	10.20
8.3	21.00	9.3	7.80
8.5	18.85	9.5	5.55
8.7	16.35	9.9	3.45
8.9	13.55	10.0	1.80

二乙醇胺相对分子质量 = 105.1，0.2mol/L 溶液对应浓度为 21.02g/L。

B.9 磷酸盐缓冲液

(1) 磷酸氢二钠-磷酸二氢钠缓冲液 (0.2mol/L)

pH	0.2mol/L Na₂HPO₄/mL	0.2mol/L NaH₂PO₄/mL	pH	0.2mol/L Na₂HPO₄/mL	0.2mol/L NaH₂PO₄/mL
5.8	8.0	92.0	7.0	61.0	39.0
5.9	10.0	90.0	7.1	67.0	33.0
6.0	12.3	87.7	7.2	72.0	28.0
6.1	15.0	85.0	7.3	77.0	23.0
6.2	18.5	81.5	7.4	81.0	19.0
6.3	22.5	77.5	7.5	84.0	16.0
6.4	26.5	73.5	7.6	87.0	13.0
6.5	31.5	68.5	7.7	89.5	10.5
6.6	37.5	62.5	7.8	91.5	8.5
6.7	43.5	56.5	7.9	93.0	7.0
6.8	49.5	51.0	8.0	94.7	5.3
6.9	55.0	45.0			

$Na_2HPO_4 \cdot 2H_2O$ 相对分子质量＝178.05，0.2mol/L 溶液对应浓度为 35.61g/L。
$Na_2HPO_4 \cdot 12H_2O$ 相对分子质量＝358.22，0.2mol/L 溶液对应浓度为 71.64g/L。
$NaH_2PO_4 \cdot H_2O$ 相对分子质量＝138.01，0.2mol/L 溶液对应浓度为 27.6g/L。
$NaH_2PO_4 \cdot 2H_2O$ 相对分子质量＝156.03，0.2mol/L 溶液对应浓度为 31.21g/L。

（2）磷酸氢二钠-磷酸二氢钾缓冲液（1/15mol/L）

pH	1/15mol/L Na_2HPO_4/mL	1/15mol/L KH_2PO_4/mL	pH	1/15mol/L Na_2HPO_4/mL	1/15mol/L KH_2PO_4/mL
4.92	0.10	9.90	7.17	7.00	3.00
5.29	0.50	9.50	7.38	8.00	2.00
5.91	1.00	9.00	7.73	9.00	1.00
6.24	2.00	8.00	8.04	9.50	0.50
6.47	3.00	7.00	8.34	9.75	0.25
6.64	4.00	6.00	8.67	9.90	0.10
6.81	5.00	5.00	8.18	10.00	0
6.98	6.00	4.00			

$Na_2HPO_4 \cdot 2H_2O$ 相对分子质量＝178.05，1/15mol/L 溶液对应浓度为 11.876g/L。

KH_2PO_4 相对分子质量＝136.09，1/15mol/L 溶液对应浓度为 9.078g/L。

B.10　磷酸二氢钾-氢氧化钠缓冲液（0.05mol/L）

X mL 0.2mol/L KH_2PO_4＋Y mL 0.2mol/L NaOH，加水稀释至 20mL。

pH（20℃）	X	Y	pH（20℃）	X	Y
5.8	5	0.372	7.0	5	2.963
6.0	5	0.570	7.2	5	3.500
6.2	5	0.860	7.4	5	3.950
6.4	5	1.260	7.6	5	4.280
6.6	5	1.780	7.8	5	4.520
6.8	5	2.365	8.0	5	4.680

B. 11　巴比妥钠-盐酸缓冲液（18℃）

pH	0.04mol/L 巴比妥钠溶液/mL	0.2mol/L 盐酸/mL	pH	0.04mol/L 巴比妥钠溶液/mL	0.2mol/L 盐酸/mL
6.8	100	18.4	8.4	100	5.21
7.0	100	17.8	8.6	100	3.82
7.2	100	16.7	8.8	100	2.52
7.4	100	15.3	9.0	100	1.65
7.6	100	13.4	9.2	100	1.13
7.8	100	11.47	9.4	100	0.70
8.0	100	9.39	9.6	100	0.35
8.2	100	7.21			

巴比妥钠相对分子质量＝206.18，0.04mol/L 溶液对应浓度为 8.25g/L。

B. 12　硼酸-硼砂缓冲液（0.2mol/L 硼酸根）

pH	0.05mol/L 硼砂/mL	0.2mol/L 硼酸/mL	pH	0.05mol/L 硼砂/mL	0.2mol/L 硼酸/mL
7.4	1.0	9.0	8.2	3.5	6.5
7.6	1.5	8.5	8.4	4.5	5.5
7.8	2.0	8.0	8.7	6.0	4.0
8.0	3.0	7.0	9.0	8.0	2.0

硼砂 $Na_2B_4O_7 \cdot 10H_2O$ 相对分子质量＝381.43，0.05mol/L 溶液对应浓度为 19.07g/L。

硼酸 H_2BO_3 相对分子质量＝61.84，0.2mol/L 溶液对应浓度为 12.37g/L。

硼砂易失去结晶水，必须在带塞的瓶中保存。

B. 13　Tris-盐酸缓冲液（0.05mol/L，25℃）

50mL 0.1mol/L 三羟甲基氨基甲烷（Tris）溶液与 X mL 0.1mol/L 盐酸混匀后，加水稀释至 100mL。

pH	X	pH	X
7.10	45.7	8.10	26.2
7.20	44.7	8.20	22.9
7.30	43.4	8.30	19.9
7.40	42.0	8.40	17.2
7.50	40.3	8.50	14.7
7.60	38.5	8.60	12.4
7.70	36.6	8.70	10.3
7.80	34.5	8.80	8.5
7.90	32.0	8.90	7.0
8.00	29.2		

三羟甲基氨基甲烷（Tris）$C_4H_{11}NO_3$ 相对分子质量 $=121.14$，$0.1mol/L$ 溶液对应浓度为 $12.114g/L$。Tris 溶液可从空气中吸收二氧化碳，使用时注意将瓶盖拧紧。

B.14　甘氨酸-氢氧化钠缓冲液（0.05mol/L）

X mL $0.2mol/L$ 甘氨酸＋Y mL $0.2mol/L$ NaOH，加水稀释至 200mL。

pH	X	Y	pH	X	Y
8.6	50	4.0	9.6	50	22.4
8.8	50	6.0	9.8	50	27.2
9.0	50	8.8	10.0	50	32.0
9.2	50	12.0	10.4	50	38.6
9.4	50	16.8	10.6	50	45.5

甘氨酸相对分子质量 $=75.07$，$0.2mol/L$ 溶液对应浓度为 $15.01g/L$。

B.15　硼砂-氢氧化钠缓冲液（0.05mol/L 硼酸根）

X mL $0.05mol/L$ 硼砂＋Y mL $0.2mol/L$ NaOH，加水稀释至 200mL。

pH	X	Y	pH	X	Y
9.3	50	6.0	9.8	50	34.0
9.4	50	11.0	10.0	50	43.0
9.6	50	23.0	10.1	50	46.0

硼砂 $Na_2B_4O_7 \cdot 10H_2O$ 相对分子质量 $=381.43$，$0.05mol/L$ 溶液对应浓度为 $19.07g/L$。

B.16　碳酸钠-碳酸氢钠缓冲液（0.1mol/L）

Ca^{2+}、Mg^{2+} 存在时不得使用。

pH		0.1mol/L Na$_2$CO$_3$/mL	0.1mol/L NaHCO$_3$/mL
20℃	37℃		
9.16	8.77	1	9
9.40	9.12	2	8
9.51	9.40	3	7
9.78	9.50	4	6
9.90	9.72	5	5
10.14	9.90	6	4
10.28	10.08	7	3
10.53	10.28	8	2
10.83	10.57	9	1

Na$_2$CO$_2$·10H$_2$O 相对分子质量＝286.2，0.1mol/L 溶液对应浓度为 28.62g/L。

NaHCO$_3$ 相对分子质量＝84.0，0.1mol/L 溶液对应浓度为 8.40g/L。

附录 C　常 用 数 据

C.1　硫酸铵饱和度常用表

表 C1-1　调整硫酸铵溶液饱和度计算表（25℃）

在 25℃ 硫 酸 铵 终 浓 度 /%（饱 和 度）

每 1000mL 溶 液 加 固 体 硫 酸 铵 的 克 数 *

硫酸铵初浓度/%（饱和度）	10	20	25	30	33	35	40	45	50	55	60	65	70	75	80	90	100
0	56	114	144	176	196	209	243	277	313	351	390	430	472	516	561	662	767
10		57	86	118	137	150	183	216	251	288	326	365	406	449	494	592	694
20			29	59	78	91	123	155	189	225	262	300	340	382	424	520	619
25				30	49	61	93	125	158	193	230	267	307	348	390	485	583
30					19	30	62	94	127	162	198	235	273	314	356	449	546
33						12	43	74	107	142	177	214	252	292	333	426	522
35							31	63	94	129	164	200	238	278	319	411	506
40								31	63	97	132	168	205	245	285	375	469
45									32	65	99	134	171	210	250	339	431
50										33	66	101	137	176	214	302	392
55											33	67	103	141	179	264	353
60												34	69	105	143	227	314
65													34	70	107	190	275
70														35	72	153	237
75															36	115	198
80																77	157
90																	79

* 在 25℃ 时，硫酸铵溶液由初浓度调到终浓度时，每升溶液所加固体硫酸铵的克数。

表 C1-2　不同温度下饱和硫酸铵溶液的数据

温度/℃	0	10	20	25	30
每 1000g 水中含硫酸铵物质的量	5.35	5.53	5.73	5.82	5.91
质量分数	41.42	42.22	43.09	43.47	43.85
1L 水用硫酸铵饱和所需克数	706.8	730.5	755.8	766.8	777.5
每升饱和溶液含硫酸铵克数	514.8	525.2	536.5	541.2	545.9
饱和溶液物质的量浓度	3.90	3.97	4.06	4.10	4.13

表 C1-3 调整硫酸铵溶液饱和度计算表 (0℃)

在 0℃ 硫 酸 铵 终 浓 度/% (饱和度)

	20	25	30	35	40	45	50	55	60	65	70	75	80	85	90	95	100
	每 100mL 溶 液 加 固 体 硫 酸 铵 的 克 数 *																
0	10.6	13.4	16.4	19.4	22.6	25.8	29.1	32.6	36.1	39.8	43.6	47.6	51.6	55.9	60.3	65.0	69.7
5	7.9	10.8	13.7	16.6	19.7	22.9	26.2	29.6	33.1	36.8	40.5	44.4	48.4	52.6	57.0	61.5	66.2
10	5.3	8.1	10.9	13.9	16.9	20.0	23.3	26.6	30.1	33.7	37.4	41.2	45.2	49.3	53.6	58.1	62.7
15	2.6	5.4	8.2	11.1	14.1	17.2	20.4	23.7	27.1	30.6	34.3	38.1	42.0	46.0	50.3	54.7	59.2
20	0	2.7	5.5	8.3	11.3	14.3	17.5	20.7	24.1	27.6	31.2	34.9	38.7	42.7	46.9	51.2	55.7
25		0	2.7	5.6	8.4	11.5	14.6	17.9	21.1	24.5	28.0	31.7	35.5	39.5	43.6	47.8	52.2
30			0	2.8	5.6	8.6	11.7	14.8	18.1	21.4	24.9	28.5	32.3	36.2	40.2	44.5	48.8
35				0	2.8	5.7	8.7	11.8	15.1	18.4	21.8	25.4	29.1	32.9	36.9	41.0	45.3
40					0	2.9	5.8	8.9	12.0	15.3	18.7	22.2	25.8	29.6	33.5	37.6	41.8
45						0	2.9	5.9	9.0	12.3	15.6	19.0	22.6	26.3	30.2	34.2	38.3
50							0	3.0	6.0	9.2	12.5	15.9	19.4	23.0	26.8	30.8	34.8
55								0	3.0	6.1	9.3	12.7	16.1	19.7	23.5	27.3	31.3
60									0	3.1	6.2	9.5	12.9	16.4	20.1	23.1	27.9
65										0	3.1	6.3	9.7	13.2	16.8	20.5	24.4
70											0	3.2	6.5	9.9	13.4	17.1	20.9
75												0	3.2	6.6	10.1	13.7	17.4
80													0	3.3	6.7	10.3	13.9
85														0	3.4	6.8	10.5
90															0	3.4	7.0
95																0	3.5
100																	0

硫酸铵初浓度/% (饱和度)

* 在 0℃时, 硫酸铵溶液由初浓度调到终浓度时, 每 100mL 溶液所加固体硫酸铵的克数。

C.2　氨基酸的一些物理常数

氨基酸	缩写3	缩写1	分子式	M_r	pI	疏水性（非极性）	亲水性（极性）	结构式
Alanine	Ala	A	$C_3H_7NO_2$	89.1	6.00	■		HOOC—CH(NH₂)—CH₃
Arginine	Arg	R	$C_6H_{14}N_4O_2$	174.2	10.76		■	HOOC—CH(NH₂)—CH₂CH₂CH₂NHC(NH₂)=NH
Asparagine	Asn	N	$C_4H_8N_2O_3$	132.1				HOOC—CH(NH₂)—CH₂CONH₂
Aspartic Acid	Asp	D	$C_4H_7NO_4$	133.1	2.77		■	HOOC—CH(NH₂)—CH₂COOH
Cysteine	Cys	C	$C_3H_7NO_2S$	121.2	5.05			HOOC—CH(NH₂)—CH₂SH
Glutamic Acid	Glu	E	$C_5H_9NO_4$	147.1	3.22		■	HOOC—CH(NH₂)—CH₂CH₂COOH
Glutamine	Gln	Q	$C_5H_{10}N_2O_3$	146.1				HOOC—CH(NH₂)—CH₂CH₂CONH₂
Glycine	Gly	G	$C_2H_5NO_2$	75.1	5.97			HOOC—CH(NH₂)—H
Histidine	His	H	$C_6H_9N_3O_2$	155.2			■	HOOC—CH(NH₂)—CH₂—(imidazole)
Isoleucine	Ile	I	$C_6H_{13}NO_2$	131.2	6.02	■		HOOC—CH(NH₂)—CH(CH₃)CH₂CH₃

续表

氨基酸	缩写 3	缩写 1	分子式	M_r	pI	疏水性（非极性）	亲水性（极性）	结构式
Leucine	Leu	L	$C_6H_{13}NO_2$	131.2	5.98	■		
Lysine	Lys	K	$C_6H_{14}N_2O_2$	146.2	9.74		■	
Methionine	Met	M	$C_5H_{11}NO_2S$	149.2	5.74	■		
Phenylalanine	Phe	F	$C_9H_{11}NO_2$	165.2	5.48	■		
Proline	Pro	P	$C_5H_9NO_2$	115.1	6.30	■		
Serine	Ser	S	$C_3H_7NO_3$	105.1	5.68			
Threonine	Thr	T	$C_4H_9NO_3$	119.1	6.16			
Tryptophan	Trp	W	$C_{11}H_{12}N_2O_2$	204.2	5.89	■		
Tyrosine	Tyr	Y	$C_9H_{11}NO_3$	181.2	5.66			
Valine	Val	V	$C_5H_{11}NO_2$	117.1	5.96	■		

注：M_r-18（$-H_2O$）＝残基相对分子质量；氨基酸的平均分子质量＝120 g/mol。

中文名称	英文名称(缩写及单字母记号)	M_r	熔点/℃①	溶解度②	pI	pKa(25℃)
DL-丙氨酸	DL-alanine (Ala, A)	89.09	295d	16.6	6.00	(1)2.35　(2)9.69
L-丙氨酸	L-alanine (Ala, A)	89.09	297d	16.65	6.00	
DL-精氨酸	DL-arginine (Arg, R)	174.20	238d		10.76	(1)2.17(COOH)　(2)9.04(NH_2)　(3)12.48(胍基)
L-精氨酸	L-arginine (Arg, R)	174.20	244d	15.0 (21℃)	10.76	
DL-天冬酰胺	DL-asparagine(Asp-NH_2) (Asn, N)	132.12	213~215d	2.16		(1)2.02　(2)8.8
L-天冬酰胺	L-asparagine(Asp-NH_2) (Asn, N)	132.12	236d(水合物)	2.989		
L-天冬氨酸	L-aspartic acid (Asp, D)	133.10	269~271	0.5	2.77	(1)2.09(α-COOH)　(2)3.86(β-COOH)　(3)9.82(NH_2)
L-瓜氨酸	L-citrulline (Cit)	175.19	234~237d	易溶		
L-半胱氨酸	L-cysteine (Cys, C)	121.15		易溶	5.07	(1)1.7　(2)8.33(NH_2)　(3)10.78(SH)
DL-胱氨酸	DL-cystine(Cyss)	240.29	260	0.0049	5.05	(1)1.65　(2)2.26　(3)7.85　(4)9.85
L-胱氨酸	L-cystine(Cyss)	240.29	258~261d	0.011	5.05	
DL-谷氨酸	DL-glutamic acid(Glu, E)	147.13	225~227d	2.054	3.22	(1)2.19　(2)4.25　(3)9.67
L-谷氨酸	L-glutamic acid(Glu,E)	147.13	247~249d	0.864	3.22	
L-谷氨酰胺	L-glutamine(Glu-NH_2)(Gln, Q)	146.15	184~185	4.25		(1)2.17　(2)9.13
甘氨酸	Glycine(Gly, G)	75.07	292d	24.99	5.97	(1)2.34　(2)9.6
DL-组氨酸	DL-histidine(His, H)	155.16	285~286d	易溶		(1)1.82(COOH)　(2)6.0(咪唑基)　(3)9.17(NH_2)
L-组氨酸	L-histidine(His, H)	155.16	277d	4.16		
L-羟脯氨酸	L-hydroxyproline(Pro-OH) (Hyp)	131.13	270d	36.11	5.83	(1)1.92　(2)9.73
DL-异亮氨酸	DL-isoleucine(Ile, I)	131.17	292d	2.229	6.02	(1)2.36　(2)9.68
L-异亮氨酸	L-isoleucine(Ile, I)	131.17	285~286d	4.12	6.02	
DL-亮氨酸	DL-leucine(Leu, L)	131.17	332d	0.991	5.98	(1)2.36　(2)9.60
L-亮氨酸	L-leucine(Leu, L)	131.17	337d	2.19	5.98	
DL-赖氨酸	DL-lysine(Lys, K)	146.19			9.74	(1)2.18　(2)8.95(α-NH_2)　(3)10.53(ε-NH_2)

续表

中文名称	英文名称(缩写及单字母记号)	M_r	熔点/℃①	溶解度②	pI	pK_a(25℃)
L-赖氨酸	L-lysine(Lys, K)	146.19	224d	易溶	9.74	
DL-甲硫氨酸(蛋氨酸)	DL-methionine(Met, M)	149.21	281	3.38	5.74	(1)2.28　(2)9.21
L-甲硫氨酸	L-methionine(Met, M)	149.21	283d	易溶	5.74	
DL-苯丙氨酸	DL-phenylalanine(Phe, F)	165.19	318~320d	1.42	5.48	(1)1.83　(2)9.13
L-苯丙氨酸	L-phenylalanine(Phe, F)	165.19	283~284d	2.96	5.48	
DL-脯氨酸	DL-proline(Pro, P)	115.13	213	易溶	6.30	(1)1.99　(2)10.6
L-脯氨酸	L-proline(Pro, p)	115.13	220~222d	162.3	6.30	
DL-丝氨酸	DL-serine(Ser, S)	105.09	246d	5.02	5.68	(1)2.21　(2)9.15
L-丝氨酸	L-serine(Ser, S)	105.09	223~228d	25 (20℃)	5.68	
DL-苏氨酸	DL-threonine(Thr, T)	119.12	235 分解点	20.1	6.16	(1)2.63　(2)10.43
L-苏氨酸	L-threonine(Thr, T)	119.12	253 分解点	易溶	6.16	
DL-色氨酸	DL-tryptophane(Trp, T)	204.22	283~285	0.25 (30℃)	5.89	(1)2.38　(2)9.39
L-色氨酸	L-trypophane(Trp, T)	204.22	281~282	1.14	5.89	
DL-酪氨酸	DL-tyrosine(Tyr, Y)	181.19	316	0.0351	5.66	(1)2.20(COOH)　(2)9.11(NH₂)　(3)10.07(OH)
L-酪氨酸	L-tyrosine(Tyr, Y)	181.19	342.4d	0.045	5.66	
DL-缬氨酸	DL-valine(Val, V)	117.15	293d	7.04	5.96	(1)2.32　(2)9.62
L-缬氨酸	L-valine(Val, V)	117.15	315d	8.85(20℃)	5.96	

① d代表达到熔点后分解;② 在25℃干100g水中溶解的克数,特殊的温度条件注明在右侧。

C.3　常用蛋白质相对分子质量标准参照物

标准类型	蛋白质	相对分子质量
高相对分子质量标准参照	球蛋白	212 000
	β-半乳糖苷酶	116 000
	磷酸化酶 B	97 400
	牛血清白蛋白	66 200
	过氧化氢酶	57 000
	醛缩酶	40 000
中相对分子质量标准参照	磷酸化酶 B	974 000
	牛血清白蛋白	66 200
	谷氨酸脱氢酶	55 000
	卵白蛋白	42 700
	醛缩酶	40 000
	碳酸酐酶	31 000
	大豆胰蛋白酶抑制剂	21 500
	溶菌酶	14 400
低相对分子质量标准参照	碳酸酐酶	31 000
	大豆胰蛋白酶抑制剂	21 500
	马心肌球蛋白	16 900
	溶菌酶	14 400
	肌球蛋白（F_1）	8 100
	肌球蛋白（F_2）	6 200
	肌球蛋白（F_3）	2 500
低相对分子质量标准蛋白 （SDS-PAGE 电泳）	兔磷酸化酶 B	97 400
	牛血清白蛋白	66 200
	兔肌动蛋白	43 000
	牛碳酸酐酶	31 000
	胰蛋白酶抑制剂	20 100
	鸡蛋清溶菌酶	14 400

C.4　常见蛋白质分子质量参考值

（单位：Da）

蛋白质	分子质量 M_r
甲状腺球蛋白 [thyroglobulin (bovine thyroid)]	669 000
巨豆尿素酶 [urease (jack bean)]	480 000
铁蛋白 [ferritin (horse spleen)]	440 000
β-葡萄糖醛酸苷酶 [β-glucuronidase (calf liver)]	280 000
过氧化氢酶 [catalase (bovine liver)]	232 000
藻青蛋白 [phycocyanin]	232 000
肌球蛋白 [myosin]	220 000
黄嘌呤氧化酶 [xanthine oxidase (cream)]	181 000
牛 γ-球蛋白 [bovine gamma glubulin]	165 000
人 γ-球蛋白 [human gamma globulin]	165 000
甲状腺球蛋白 [thyroglobulin]	165 000
醛缩酶 [aldolase (rabbit muscle)]	158 000
人血浆铜蓝蛋白 [human ceruloplasmin]	157 000
酵母醇脱氢酶 [yeast alcohol dehydrogenase]	140 000
兔肌脱氢酶 [rabbit muscle dehydrogenase]	135 000
血清白蛋白二聚体 [serum albumin dimer]	135 000
兔肌丙糖磷酸脱氢酶 [rabbit muscle triose phosphate dehydrogenase]	130 000
β-半乳糖苷酶 [β-galactosidase]	130 000
碱性磷酸单脂酶 [phosphate monoesterase alkaline]	100 000
副肌球蛋白 [paramyosin]	100 000
磷酸化酶 a [phosphorylase a]	94 000
牛乳过氧化物酶 [cow's milk lactoperoxidase]	83 000
大肠杆菌磷酸化酶 [E. coli phosphatase]	78 000
牛血清白蛋白 [serum albumin]	68 000
牛转铁朊 [bovine transferrin]	67 000

续表

蛋白质	分子质量 M_r
L-氨基酸氧化酶 [L-amino acid oxidase]	6 3000
猪心苹果酸脱氢酶 [pig heart malate dehydrogenase]	63 000
过氧化氢酶 [catalase]	60 000
丙酮酸激活酶 [pyruvate kinase]	57 000
谷氨酸脱氢酶 [glutamate dehydrogenase]	53 000
亮氨酸氨肽酶 [glutamae dehydrogenase]	53 000
γ-球蛋白，H 链 [γ-globulin, H chain]	50 000
延胡索酸酶（反丁烯二酸酶）[fumarase]	49 000
卵白蛋白 [ovalbumin]	43 000
醇脱氢酶（肝）[alcohol dehydrogenase (liver)]	41 000
烯醇酶 [enolase]	41 000
胃蛋白酶原 [pepsinogen]	40 000
醛缩酶 [aldolase]	40 000
肌酸激酶 [creatine kinase]	40 000
醇脱氢酶（酵母）[alcohol dehydrogenase (yeast)]	37 000
D-氨基酸氧化酶 [D-amino acid oxidase]	37 000
甘油醛磷酸脱氢酶 [dlyceraldehyde phosphate dehydrogenase]	36 000
原肌球蛋白 [tropomyosin]	36 000
乳酸脱氢酶 [lactate dehydrgenase]	36 000
胃蛋白酶 [pepsin]	35 000
转磷酸核糖基酶 [phosphoribosyl transferase]	35 000
天冬氨酸氨甲酰转移酶，C 链 [aspartate transcarbamylase, C chain]	34 000
羧肽酶 A [carboxypeptidase A]	34 000
碳酸酐酶 [carbonic anhydrase]	29 000

蛋白质	分子质量 M_r
枯草杆菌蛋白酶 [subtilisin]	27 600
糜蛋白酶原（胰凝乳蛋白酶原）[chymotrypsinogen]	25 700
γ-球蛋白，L 链 [γ-globulin，L chain]	23 500
胰蛋白酶 [trypsin]	23 300
木瓜蛋白酶（羧甲基）[papain (carboxymethyl)]	23 000
胰蛋白酶抑制剂（大豆）[trypsin inhibitor]	22 500
β-乳球蛋白 [β-lactoglobulin]	18 400
烟草花叶病毒外壳蛋白 [TMV coat protein]	17 500
马肌红蛋白 [equine myoglobin]	17 500
鲸肌红蛋白 [whale myoglobin]	17 500
肌红蛋白 [myoglobin]	17 200
天冬氨酸氨甲酰基转移酶，R 链 [aspartate transcarbamylase，R chain]	17 000
甲状腺球蛋白 [thyroglobulin]	16 500
血红蛋白 [hemoglobin]	15 500
α-乳清蛋白 [α-lactalbumin]	15 500
Qβ 外壳蛋白 [Qβ coat protein]	15 000
溶菌酶 [lysozyme]	14 300
R17 外壳蛋白 [R17 coat protein]	13 750
核糖核酸酶 [ribonuclease 或 RNase]	13 700
细胞色素 C [cytochrome C]	12 200
糜蛋白酶（胰凝乳蛋白酶）[chymotrypsin]	11 100
	或 13 000

C. 5　常见蛋白质等电点参考值

（单位：pH）

蛋白质	等电点 pI
鲑精蛋白（salmine）	12.1
鲱精蛋白（clupeine）	12.1
鲟精蛋白（sturine）	11.71
溶菌酶（lysozyme）	11.0～11.2
胸腺组蛋白（thymohistone）	10.80
细胞色素 C（cytochrome C）	9.8～10.1
糜蛋白酶（胰凝乳蛋白酶）（chymotrypsin）	8.1
核糖核酸酶（牛胰）［ribonuclease 或 RNase（bovine pancreas）］	7.8
$\gamma2$-球蛋白（人）［$\gamma2$-globulin（human）］	7.3, 8.2
球蛋白（人）［globin（human）］	7.5
血红蛋白（鸡）［hemoglobin（hen）］	7.23
血红蛋白（人）［hemoglobin（human）］	7.07
肌红蛋白（myoglobin）	6.99
血红蛋白（马）［hemoglobin（horse）］	6.92
生长激素（somatotropin）	6.85
伴清蛋白（conalbumin）	6.8, 7.1
胶原蛋白（collagen）	6.6～6.8
肌浆蛋白 A（myogen A）	6.3
β-眼晶体蛋白（β-crystallin）	6.0
β-卵黄脂磷蛋白（β-lipovitellin）	5.9
铁传递蛋白（siderophilin）	5.9
γ-酪蛋白（γ-casein）	5.8～6.0
$\gamma1$-球蛋白（人）［$\gamma1$-globulin（human）］	5.8, 6.6
催乳激素（prolactin）	5.73
蚯蚓血红蛋白（hemerythrin）	5.6
血纤蛋白原（fibrinogen）	5.5～5.8
$\alpha1$-脂蛋白（$\alpha1$-lipoprotein）	5.5
卵黄类黏蛋白（vitellomucoid）	5.5
$\beta1$-脂蛋白（$\beta1$-lipoprotein）	5.4

续表

蛋白质	等电点 pI
胰岛素（insulin）	5.35
牛痘病毒（vaccinia virus）	5.3
促凝血酶原激酶（thromboplastin）	5.2
肌球蛋白 A（myosin A）	5.2～5.5
原肌球蛋白（tropomyosin）	5.1
花生球蛋白（arachin）	5.1
β-乳球蛋白（β-lactoglobulin）	5.1～5.3
牛血清白蛋白（bovine serum albumin）	4.9
卵黄蛋白（livetin）	4.8～5.0
鱼胶（ichthyocol）	4.8～5.2
α-眼晶体蛋白（α-crystallin）	4.8
卵白蛋白（ovalbumin）	4.71，4.59
白明胶（gelatin）	4.7～5.0
血清白蛋白（serum albumin）	4.7～4.9
还原角蛋白（keratein）	4.6～4.7
血蓝蛋白（hemocyanin）	4.6～6.4
无脊椎血红蛋白（erythrocruorin）	4.6～6.2
甲状腺球蛋白（thyroglobulin）	4.58
β-酪蛋白（β-casein）	4.5
视紫素（rhodopsin）	4.47～4.57
血绿蛋白（chlorocruorin）	4.3～4.5
α-酪蛋白（α-casein）	4.0～4.1
胸腺核组蛋白（thymonucleohistone）	4 左右
伴花生球蛋白（conarachin）	3.9
α-卵清黏蛋白（α-ovomucoid）	3.83～4.41
芜菁黄花病毒（turnip yellow virus）	3.75
角蛋白类（keratin）	3.7～5.0
肌清蛋白（myoalbumin）	3.5
胎球蛋白（fetuin）	3.4～3.5
尿促性腺激素（urinary gonadotropin）	3.2～3.3
α1-黏蛋白（α1-mucoprotein）	1.8～2.7
胃蛋白酶（pepsin）	1.0 左右

C.6　常用蛋白酶抑制剂

C.6.1　蛋白酶抑制剂

破碎细胞提取蛋白质的同时可释放出蛋白酶，这些蛋白酶需要迅速地被抑制以保持蛋白质不被降解。在蛋白质提取过程中，需要加入蛋白酶抑制剂以防止蛋白质水解。以下列举了 5 种常用的蛋白酶抑制剂和他们各自的作用特点，因为各种蛋白酶对不同蛋白质的敏感性各不相同，因此需要调整各种蛋白酶的浓度。由于蛋白酶抑制剂在液体中的溶解度极低，尤其要注意在缓冲液中加入蛋白酶抑制剂时，应充分混匀以减少蛋白酶抑制剂的沉淀。在宝灵曼公司的目录上可查到更完整的蛋白酶和蛋白酶抑制剂表。

常用抑制剂如下所述。

1）PMSF（有毒性）

（1）抑制丝氨酸蛋白酶（如胰凝乳蛋白酶、胰蛋白酶、凝血酶）和巯基蛋白酶（如木瓜蛋白酶）。

（2）10mg/mL 溶于异丙醇中。

（3）在室温下可保存一年。

（4）工作浓度：$17\sim174\mu g/mL$（$0.1\sim1.0mmol/L$）。

（5）在水液体溶液中不稳定，必须在每次的分离和纯化步骤中加入新鲜的 PMSF。

2）EDTA

（1）抑制金属蛋白质水解酶。

（2）0.5mol/L 水溶液，pH $8\sim9$。

（3）溶液在 4℃时可稳定 6 个月以上。

（4）工作浓度：$0.5\sim1.5mmol/L$（$0.2\sim0.5mg/mL$）。

（5）加入 NaOH 调节溶液的 pH，否则 EDTA 不溶解。

3）胃蛋白酶抑制剂（pepstatin）

（1）抑制酸性蛋白酶，如胃蛋白酶、血管紧张肽原酶、组织蛋白酶 D 和凝乳酶。

（2）1mg/mL 溶于甲醇中。

（3）储存液在 4℃时稳定 1 周，−20℃时稳定 6 个月。

（4）工作浓度：$0.7\mu g/mL$（$1\mu mol/L$）。

（5）在水中不溶解。

4）亮抑蛋白酶肽（leupeptin）

（1）抑制丝氨酸和巯基蛋白酶，如木瓜蛋白酶、血浆酶和组织蛋白酶 B。

（2）10mg/mL 溶于水。

（3）储存液在 4℃时稳定 1 周，-20℃时稳定 6 个月。

（4）工作浓度 0.5mg/mL。

5）胰蛋白酶抑制剂（aprotinin）

（1）抑制丝氨酸蛋白酶，如血浆酶、血管舒缓素、胰蛋白酶和胰凝乳蛋白酶。

（2）10mg/mL 溶于水，pH 7～8。

（3）储存液在 4℃时稳定 1 周，-20℃时稳定 6 个月。

（4）工作浓度：0.06～2.0μg/mL（0.01～0.3μmol/L）。

（5）避免反复冻融。

（6）在 pH>12.8 时失效。

C.6.2 蛋白酶抑制剂混合使用

35μg/mL PMSF：丝氨酸蛋白酶抑制剂。

0.3mg/mL EDTA：金属蛋白酶抑制剂。

0.7μg/mL 胃蛋白酶抑制剂：酸性蛋白酶抑制剂。

0.5μg/mL 亮抑蛋白酶肽：广谱蛋白酶抑制剂。

表 C6-1 蛋白质数据转换表

蛋白质分子质量 /(g/mol)	1μg	1nmol
10 000	100pmol；6.0×10^{13} mol	10μg
50 000	20pmol；1.2×10^{13} mol	50μg
100 000	10pmol；6.0×10^{12} mol	100μg
150 000	6.7pmol；4.0×10^{12} mol	150μg

一定长度 DNA 能够编码出蛋白质的分子质量：

1 kb DNA 能够编码 333 个氨基酸，其分子质量≈37 000 g/mol。

270 bp DNA＝10 000 g/mol（蛋白质的分子质量）。

1.35 kb DNA＝50 000 g/mol（蛋白质的分子质量）。

2.70 kb DNA＝100 000 g/mol（蛋白质的分子质量）。

（氨基酸的平均分子质量＝120 g/mol）

C.7　常用层析介质数据表

表 C7-1　交联葡聚糖凝胶的技术数据

凝胶类型 Sephadex	颗粒直径 /μm	工作范围（M_r） 珠状 蛋白质	工作范围（M_r） 葡聚糖 线状分子	吸水量 /(mL/g 干胶)	柱床体积 /(mL/g 干胶)	溶胀平衡的 最少时间/h 室温 20℃	溶胀平衡的 最少时间/h 沸水浴
G-10	40～120	＜ 700	＜ 700	1.0±0.1	2～3	3	1
G-15	40～120	＜ 1500	＜ 1500	1.5±0.2	2.5～3.5	3	1
G-25（大颗粒）	100～300						
G-25（中等大小）	50～150	1000～	100～				
G-25（细）	20～80	5000	5000	2.5±0.2	4～6	6	2
G-25（超细）	10～40						
G-50（大颗粒）	30～100						
G-50（中等大小）	50～150	1500～	500～				
G-50（细）	20～80	30 000	10 000	5.0±0.3	9～11	6	2
G-50（超细）	10～40						
G-75	40～120	3000～	1000～				
G-75（超细）	10～40	70 000	50 000	7.5±0.5	12～15	24	3
G-100	40～120	4000～	1000～				
G-100（超细）	10～40	150 000	100 000	10.0±1.0	15～20	48	5
G-150	40～120	5000～	1000～				
G-150（超细）	10～40	400 000	150 000	15.0±1.5	20～30	72	5
G-200	40～120	5000～	1000～				
G-200（超细）	10～40	800 000	200 000	20.0±2.0	30～40	72	5

表 C7-2 聚丙烯酰胺凝胶的有关数据

编号	颗粒大小 /目	颗粒直径 /μm	工作范围（M_r）	吸水量 /(mL/g 干胶)	柱床体积 /(mL/g 干胶)	溶胀平衡的最少时间/h	
						室温 20℃	沸水浴
Bio-Gel P-2 P-2 P-2 P-2	50～100 100～200 200～400 ＜400	150～300 75～150 40～75 ＜40	200～ 2000	1.5	3.0	2～4	2
Bio-Gel P-4 P-4 P-4 P-4	50～100 100～200 200～400 ＜400	150～300 75～150 40～75 ＜40	800～ 4000	2.4	4.8	2～4	2
Bio-Gel P-6 P-6 P-6 P-6	50～100 100～200 200～400 ＜400	150～300 75～150 40～75 ＜40	1000～ 6000	3.7	7.4	2～4	2
Bio-Gel P-10 P-10 P-10 P-10	50～100 100～200 200～400 ＜400	150～300 75～150 40～75 ＜40	1500 ～20 000	4.5	9.0	2～4	2
Bio-Gel P-30 P-30 P-30	50～100 100～200 ＜400	150～300 75～150 ＜40	2500～ 40 000	5.7	11.4	10～12	3
Bio-Gel P-60 P-60 P-60	50～100 100～200 ＜400	150～300 75～150 ＜40	3000～ 60 000	7.2	14.4	10～12	3
Bio-Gel P-100 P-100 P-100	50～100 100～200 ＜400	150～300 75～150 ＜40	5000～ 100 000	7.5	15.0	24	5
Bio-Gel P-150 P-150 P-150	50～100 100～200 ＜400	150～300 75～150 ＜40	10 000～ 150 000	9.2	18.4	24	5
Bio-Gel P-200 P-200 P-200	50～100 100～200 ＜400	150～300 75～150 ＜40	50 000～ 200 000	14.7	29.4	48	5
Bio-Gel P-300 P-300 P-300	50～100 100～200 ＜400	150～300 75～150 ＜40	60 000～ 400 000	18.0	36	48	5

表 C7-3　琼脂糖凝胶的性质

凝胶类型		颗粒直径/μm	工作范围（M_r）	琼脂糖浓度/%
Sugavac	2		$5\times10^5\sim15\times10^7$	2
	3		$5\times10^5\sim10\times10^7$	3
	4		$2\times10^5\sim15\times10^6$	4
	5	$66\sim142F$	$2\times10^5\sim10\times10^6$	5
	6		$5\times10^4\sim2\times10^6$	6
	7		$5\times10^4\sim1.5\times10^6$	7
	8	$142\sim250C$	$2.5\times10^4\sim7\times10^5$	8
	9		$2.5\times10^5\sim5\times10^5$	9
	10		$1\times10^4\sim2.5\times10^5$	10
Sepharose	6B	$40\sim210$	$1\times10^4\sim4\times10^6$	6
	4B	$40\sim190$	$3\times10^5\sim2\times10^7$	4
	2B	$60\sim250$	$2\times10^6\sim4\times10^7$	2
	CL-6B	$40\sim210$	4×10^6	6
	CL-4B	$40\sim190$	2×10^7	4
	CL-2B	$60\sim250$	4×10^7	2
Bio-Gel	A0.5M		$<1\times10^4\sim0.5\times10^6$	10
	A1.5M		$<1\times10^4\sim1.5\times10^6$	8
	A5M	$50\sim100$	$1\times10^4\sim5\times10^6$	6
	A15M	$100\sim200$	$4\times10^4\sim15\times10^6$	4
	A50M	$200\sim400$	$1\times10^5\sim50\times10^6$	2
	A150M		$1\times10^6\sim150\times10^6$	1

表 C7-4　线性流速与体积流速的换算

1. 线性流速（cm/h）换算成体积流速（mL/min）：

体积流速（mL/min）＝（线性流速（cm/h）/ 60）× 柱的截面积（cm^2）*

* 柱的截面积（cm^2）＝柱的半径平方（r^2）× π

＝柱的直径平方（d^2）× π/4

2. 体积流速（mL/min）换算成线性流速（cm/h）：

线性流速（cm/h）＝（体积流速（mL/min）× 60）/ 柱的截面积（cm^2）

表 C7-5　几种凝胶所能承受的最适静水压力和所能达到的最大流速

凝胶型号		最适静水压 （cm 水柱高）	最大流速 （线速度，cm/h）
Sephadex G-75		160	77
G-75（超细）		160	18
G-100		100	50
G-100（超细）		100	12
G-150		35	23
G-150（超细）		35	6
G-200		15	12
G-200（超细）		15	3
Sepharose　6B		90	14
4B		60	12
2B		30	10
CL-6B		120	30
CL-4B		120	26
CL-2B		50	15
Sephacryl　S-200		＞300	30
S-300		300	25
Bio-Gel			
P-60	50～100 目	100	95
P-60	100～200 目	100	30
P-60	～400 目	100	—
P-150	50～100 目	100	45
P-150	100～200 目	100	25
P-150	～400 目	100	—
P-200	50～100 目	75	22
P-200	100～200 目	75	11
P-200	～400 目	75	—
P-300	50～100 目	60	15
P-300	100～200 目	60	6
P-300	～400 目	60	—
A-15m	50～100 目	90	50
A-15m	100～200 目	90	15
A-15m	200～400 目	90	6
A-50m	50～100 目	50	30
A-50m	100～200 目	50	10
A-150m	50～100 目	30	15
A-150m	100～200 目	30	4

表 C7-6　常用离子交换纤维素

阴离子	解离基团	交换量 /(mmol/g)	pK*	特点
DEAE—	$-O-CH_2-CH_2-N(C_2H_5)_2$	0.1～1.0	9.1～9.5	在 pH<8.6 应用
AE—	$-O-CH_2-CH_2NH_2$	0.3～1.0		
TEAE—	$-O-CH_2-CH_2-N(C_2H_5)_3$	0.5～1.0	10	碱性较强
GE—	$-O-CH_2-CH_2-NH-\overset{NH}{\underset{\parallel}{C}}-NH_2$	0.2～0.5		强碱性，在极高的 pH 仍可使用
PAB—	$-O-CH_2-\bigcirc-NH_2$	0.2～0.5		
ECTEOLA—	三乙醇胺通过甘油基和多聚甘油基链连接到纤维素上，混合基团	0.1～0.5	7.4～7.6	弱碱性，适于分离核酸
BD—	苯甲酰化的 DEAE-纤维素	0.8		适于分离核酸
BND—	苯甲酰和萘甲酰化的 DEAE-纤维素	0.8		适于分离核酸
PEL—	聚乙烯亚胺吸附于纤维素或微弱磷酸化的纤维素上	0.1		适于分离核苷酸
阳离子				
CM—	$-O-CH_2-COOH$	0.5～1.0	3.6	在 pH>4 应用
P—	$-O-PO_3H_2$	0.7～7.4	pK_1：1～2　pK_2：6.0～6.5	酸性较强
SE—	$-O-CH_2-CH_2-SO_3H$	0.2～0.3	2.2	强酸性

表 C7-7　DEAE-纤维素和 CM-纤维素的特性

DEAE-纤维素	形状	长度 /μm	交换量 /(mmol/g)	蛋白质吸附容量 /(mg/g)		柱床体积 /(mL/g)	
				胰岛素	牛血清白蛋白	pH 6.0	pH 7.5
				(pH 8.5)	(pH 8.5)		
DE-22	改良纤维型*	12～400	10±0.1	750	450	7.7	7.7
DE-23	改良纤维型（除去细粒）	18～400	10±0.1	750	450	8.3	9.1
DE-32	微粒型（干粉）	24～63	10±0.1	850	660	6.0	6.3
DE-52	微粒型（溶胀的）	24～63	10±0.1	850	660	6.3	6.3
CM-纤维素				溶菌酶	7S-γ 球蛋白	pH 5.0	pH 7.5
				(pH 5.0)	(pH 3.5)		
CM-22	改良纤维型	12～400	0.6±0.06	600	150	7.1	7.7
CM-23	改良纤维型（除去细粒）	18～400	0.6±0.06	600	150	9.1	9.1
CM-32	微粒型（干粉）	24～63	10±0.1	1260	400	6.8	6.7
CM-52	微粒型（溶胀的）	24～63	10±0.1	1260	400	6.8	6.7

* DE-11 纤维型，50～250μm 对牛血清白蛋白的吸附容量仅为 130mg/g。

表 C7-8 离子交换凝胶的性质和有关数据

类别	离子交换基团	柱床体积 /(mL/g)	分离范围 (M_r)	交换容量	
				总交换量 /(mmol/g)	血红蛋白 /(g/g)
阳离子交换凝胶 SE-Sephadex C-25 C-50	$-CH_2CH_2SO_3H$	5～9 32～38	$<3\times10^4$ $3\times10^4～2\times10^5$	2.0～2.5	0.7 2.4
SP-Sephadex C-25 C-50	$-C_3H_6SO_3H$	5～9 32～38	$<3\times10^4$ $3\times10^4～2\times10^5$	2.3±0.3	0.2 7.0
CM-Sephadex C-25 C-50	$-O-CH_2COOH$	6～10 32～40	$<3\times10^4$ $3\times10^4～2\times10^5$	4.5±0.5	0.4 9.0
S-Sepharose FF* S-Sepharose HP*	$-CH_2SO_3^-$	湿胶	排阻极限 $\approx4\times10^6$	0.18～0.25 0.15～0.20	70mg[②]/mL 55mg[②]/mL
CM-Sepharose FF*	$-O-CH_2COOH$	湿胶	$\approx4\times10^6$	0.09～0.13	50mg[②]/mL
阴离子交换凝胶 QAE-Sephadex A-25 A-50	$-O-C_2H_4N^+(C_2H_5)_2$ $-CH_2-CH-CH_3$ $\qquad\quad |$ $\qquad\quad OH$	5～8 30～40	$<3\times10^4$ $3\times10^4～2\times10^5$	3.0～4.0	0.3 6.0
DEAE-Sephadex A-25 A-50	$-C_2H_4N^+(C_2H_5)_2H$	5～9 25～83	$<3\times10^4$ $3\times10^4～2\times10^5$	3.5±0.5	0.5 5.0
Q-Sepharose FF* Q-Sepharose HP*	$-CH_2N^+(CH_3)_3$	湿胶	排阻极限 $\approx4\times10^6$	0.18～0.25 0.14～0.20	120mg[①]/mL 70mg[①]/mL
DEAE-Sepharose FF*	$-C_2H_4N^+(C_2H_5)_2H$	湿胶	$\approx4\times10^6$	0.11～0.16	110mg[①]/mL

　* Sepharose 琼脂糖凝胶类离子交换剂：FF 为快流速型（平均颗粒直径 $90\mu m$），HP 为高性能型（平均颗粒直径 $34\mu m$）；商品均为湿胶（in 20% EtOH）；交换容量酸碱滴定为：（H^+、Cl^-）mmol/mL 湿胶；蛋白质交换量为：（①-HAS、②-RNase）mg/mL 湿胶。

　Sephadex 葡聚糖凝胶类离子交换剂商品为干粉，使用前需充分溶胀。使用中流动相盐浓度和 pH 变化会使柱床体积发生较大变化（即凝胶膨胀率受盐浓度和 pH 影响较大）。

分类		产品牌号	活性基团	树脂母体或原料	形状	粒度/目
阳离子交换树脂	强酸型	大孔强酸 1 号	$-SO_3^-$	交联聚苯乙烯	球形	16～50
		上海化工学院强酸 1X8	$-SO_3^-$	交联聚苯乙烯	球形	100～200
		强酸 1X7（733）	$-SO_3^-$	交联聚苯乙烯	球形	16～50
		上海化工学院 强酸 42	$-SO_3^-$	酚醛	球形	16～50
		强酸 1♯	$-OH^-$ $-SO_3^-$	交联聚苯乙烯	球形	16～50
		001X4（734）		交联聚苯乙烯	球形	16～50
		♯734	$-SO_3^-$	交联聚苯乙烯	球形	16～50
	弱酸型	弱酸 101X1-8（724）	$-COO^-$	聚丙烯酸	球形	16～50
		弱酸 110	$-COO^-$	交联聚甲基丙烯酸	球形	16～50
		弱酸 122	$-COO^-$ $-OH^-$	水杨酸苯酚 甲醛缩聚体	球形	16～50
		大孔弱酸♯122	$-COO^-$ $-OH^-$	水杨酸苯酚 甲醛缩聚体	球形	0.3～0.1mm
		725	$-COO^-$	交联聚丙烯酸	球形	0.3～1.4mm
阴离子交换树脂	强碱型	201X7（717）	$-N^+(CH_3)_3$	交联聚苯乙烯	球形	16～50
		201X4（711）	$-N^+(CH_3)_3$	交联聚苯乙烯	球形	16～50
		大孔强碱 201	$-N^+(CH_3)_3$	交联聚苯乙烯	球形	16～50
		上海化工学院 强碱 1X8	$-N^+(CH_3)_3$	交联聚苯乙烯	球形	100～200
		D202（763）	$-N^+-CH_2-CH_2$ $-OH-N(CH_3)_2$	交联聚苯乙烯	球形	16～50
	弱碱型	弱碱 301	$N(CH_3)_2$	交联聚苯乙烯	球形	16～50
		D301（710）	$N(CH_3)_2$	交联聚苯乙烯	球形	16～50
		D313（705）	$-N=$	交联聚丙烯酰胺	球形	16～50 ≥90%
		D311（703）	$-N=$	交联聚丙烯酰胺	球形	16～50 ≥95%
		大孔弱碱 301（701）	$N(CH_3)_2$	交联聚苯乙烯	球形	16～50
		弱碱 330（701）	$-NH_2$ $=NH$ $-N=$	多乙胺环氧氯丙烷缩聚体 间苯二胺	球形	16～50
		弱碱 321	$=NH$	多乙烯多胺和甲醛聚体	球形	
		弱碱 303	$-N=$	多乙胺环氧氯丙烷缩聚体		0.3～0.8mm 16～50
		弱碱 311X2（704）	$-NH_2$ $=NH$	交联聚苯乙烯	球形	≥95%

交换树脂的物理常数

含水量 /%	全交换量 /(mmol/g)	最高操作 温度/℃	允许 pH 范围	视密度 /(g/mL)	生产单位	相应的国际产品
45～55	4.5	130～150	0～14	—	上海树脂厂 南开大学化工厂 上海有机所	Amberlite 200（美） Amberlyst15
44～50	4.8	120	0～14	—	上海化工学院	Amberlite IR-120
40～52	≥4.5	120	0～14	0.75～0.85	上海树脂厂	Amberlite IR-120 Zerolit 225（英） Dower 50（美）
29～32	20～22	Na 式 90 H 式 40	1～10	—	上海化工学院	Amberlite IR-100 Zerolit 315
44～55	≥4.5	<110	1～14	0.76～0.80	南开大学化工厂	Amberlite IR-120 Dowex 50
55～65	≥4.2			0.75～0.85	上海树脂厂	IKy-2（俄） Dowex 50X4
48～56	≥4.2	≤120	1～14	0.75～0.85	上海树脂厂	Diaion 5K-104（日）
≥65	≥9	150～190	5～14	—	上海树脂厂	Amberlite IRC-50 Zerolit 226
—	≥12	—	4～14	—	—	Amberlite IRC-84
40～50	≥3.9	—	—	—	上海化工学院	Zerolit 216
40～50	3.9	—	—	—	南开大学化工厂	—
—						
50～60	≥9	≤80	4～12	0.68～0.78	上海树脂厂	—
50～60	≥3.0	Cl 式 70 OH 式 60	0～14		丹东鞣料厂 上海树脂厂	Amberlite IRA-400 Zerolit FF
40～50	≥3.5	Cl 式 70 OH 式 60	0～14	0.65～0.7	上海树脂厂	タイセィォSAIOA（日） Amberlite IRA-401
40～50	27～35	Cl 式 70 OH 式 80	0～14	0.65～0.75	南开大学化工厂 上海有机所	Amberlite IRA-400
40～50	≥3.0	Cl 式 70 OH 式 60	0～14		上海化工学院	Amberlite IRA-400
48～58	≥3.0	OH 式 40 Cl 式 75	1～14		上海树脂厂	Amberlite IRA-911 Lewatitmp-600
—	≥3.0	Cl 式 100	0～9		南开大学化工厂	—
40～50	≥3.5	<80 胺型	0～9		上海树脂厂	—
42～52	≥4.5	—		0.7～0.8	上海树脂厂	—
58～68	6.5	—	—	0.65～0.75	上海树脂厂	Amberlite IRA-68 Diaion WA-11
55～65	≥4.0	Cl 式 100	0～9		南开大学化工厂	Amberlite IRA-93
≤65	≥9.0	OH 式 50	0～9	0.65～0.75	上海树脂厂	Doulite A-30B（美） 3л3-10A（俄）
37～40	4～6	50	0～7	—	上海化工学院	Wofatit M（德）
—	8.5	—	—	—	南开大学化工厂	—
45～55	≥5	<90	0～9	0.65～0.75	上海树脂厂	Amberlite IRA-45 Zerolit G

表 C7-10　国外一些常用

分类		品名	树脂类型	交换基	pH 范围
阳离子交换树脂	强酸型	Zerolit Na（1）	磺化煤	强酸 弱酸	—
		Zerolit 215（4）	磺化酚醛	—SO$_3$H—OH	0～8
		Zerolit 225（1）	交联聚苯乙烯	—SO$_3$H	0～14
		Zerolit 315（1）	酚甲烯磺酸	强酸 弱酸	0～8
		Zerolit S/Y（1）	硅酸铝钠	—	—
		Zerolit S/F（1）	硅酸铝钠	—	—
		Zeokarb Na（2）	磺化煤	强酸 弱酸	—
		Zeokarb 215（2）	磺化酚醛	—OH—SO$_3$H	0～8
		Zeokarb 225（2）	交联聚苯乙烯	—SO$_3$H	0～14
		Zeokarb 315（2）	酚甲烯磺酸	—OH—SO$_3$H	0～8
		Decalso Y（3）	硅酸铝钠	—	—
		Decalso F（3）	硅酸铝钠	—	—
		Amberlite IR-100（4）	酚醛	—OH—SO$_3$H	—
		Amberlite IR-105（4）	酚醛	—CH—CH$_2$ SO$_3$H	—
		Amberlite IR-112（4）	交联聚苯乙烯	—SO$_3$H	0～14
		Amberlite IR-120（4）	交联聚苯乙烯	—SO$_3$H	0～14
		Wofatitk PS-200（5）	交联聚苯乙烯	—SO$_3$H	0～14
		Wofatitk F（5）	酚磺酸树脂	—OH—SO$_3$H	—
		Wofatitk P（5）	酚磺酸树脂	—OH—SO$_3$H	—
		Dowex 50（6）	交联聚苯乙烯	—SO$_3$H	0～14
		E. Merck Ion exchanger	交联聚苯乙烯	—SO$_3$H	0～14
		神胶 1 号（8）	交联聚苯乙烯	—SO$_3$H	0～14
		Permaplcx Go（9）	交联聚苯乙烯	—SO$_3$H	0～14
	弱酸型	Zerolit 216（1）	酚醛	—OH—COOH	—
		Zerolit 216（1）	交联甲基丙烯酸	—COOH	5～14
		Zeokarb 216（2）	酚醛	—OH—COOH	—
		Zeokarb 226（2）	交联甲基丙烯酸	—COOH	5～14
		Amberlite IRC 50（4）	交联甲基丙烯酸	—COOH	7～14
		Wofatit CP 300（5）	交联聚苯乙烯	—COOH	6～14
		Wofatit CN（5）	酚羧酸树脂	—OH—COOH	—
		E. Merck Ion Exchanger IV	丙烯酸	—COOH	6～14

离子交换树脂的性质

耐热性/℃	形状	粒度/目	离子型	全交换量/(mmol/mL)
—	黑粒	16～50	Na	1.8
95（Na 型）40（H 型）	红粒	16～50	Na	2.6
100	黄褐色颗粒	16～50	Na	5.0
95	颗粒	—	—	—
—	淡黄色颗粒	8～44	Na	—
—	白色颗粒	60～90	Na	—
—	黑粒	16～50	Na	1.8
95（Na 型）40（H 型）	黄粒	16～50	Na	2.6
100	黄褐色球状	16～50	Na	5.0
95	颗粒	—	—	—
30	淡黄色颗粒	8～50	Na	—
30	白色颗粒	60～90	Na	—
—	—			0.6
—	—			1.0
120	球状含水膨胀	16～50	—	1.4
120	球状含水膨胀	16～50	Na	2.0
115	球状	16～50		4.5
50	颗粒	16～50		2.9
97	颗粒	16～50		1.9
150	球状	20～50	H	5.0
95	黑褐色球状	28～42	H	4.5
150	黑褐色透明球状	16～50	Na	2.0
60	黄色	—	—	2.0
30	黑色颗粒	16～50	Na	1.6
100	白色球状	16～50	H	9.0（pH8 以上）
30	黑色颗粒	16～50	Na	1.6
100	白色球状	16～50	H	9.0（pH8 以上）
120	白色透明球状	16～50	H	2.4
30	白色球状	20～50	—	4.5
30	颗粒	16～50	—	2.0
约 110	淡黄色球状	35～50	H	10.0

分类		品名	树脂类型	交换基	pH 范围
阴离子交换树脂	强碱型	Erolit FF (1)	交联聚苯乙烯	N (CH$_3$)$_3$	0～12
		Deacidite FF (10)	交联聚苯乙烯	N (CH$_3$)$_3$	0～12
		Amberlite IRA-400	交联聚苯乙烯	N (CH$_3$)$_3$	0～12
		Amberlite IRA-410 (4)	交联聚苯乙烯	N (CH$_3$)$_3$	0～10
		Wofatit L-150 (5)	聚烃基亚胺	—	—
		Wofatit L-165 (5)	聚烃基亚胺	—	—
		Dowex 1 (6)	交联聚苯乙烯	N	0～14
		Dowex 2 (6)	交联聚苯乙烯	N	0～14
		E. Merck Ion Exchanger III (7)	交联聚苯乙烯	N	1～12
		神胶 800 (8)	交联聚苯乙烯	N (CH$_3$)$_3$	0～10
		神胶 810 (8)	交联聚苯乙烯	N (CH$_3$)$_3$	0～10
		Permaplex Alo (9)	交联聚苯乙烯树脂膜	—	0～14
	非弱碱型	Zerolit E (1)	酚醛	—OH 核氨酸	—
		Zerolit G (1)	交联聚苯乙烯	—N (C$_2$H$_5$)$_2$	0～6
		Zerolit H (1)	酚醛	—N (CH$_3$)$_2$	0～6
		Deacidte E (10)	交联聚苯乙烯	—OH 核氨酸	—
		Amberlite IR45 (4)	交联聚苯乙烯	—N (C$_3$H$_7$)$_2$	0～7
		Wofatit N (3)	交联聚苯乙烯	香族胺	

(1) Llnitecl water Softener（英国）。

(2) Permutit 公司（英国）。

(3) Permutit 公司（英国）。

(4) Rohm & Haas 公司（美国）。

(5) Wolfen Farben（德国）。

(6) Dow Chemical 公司（美国）。

(7) 不详。

(8) 日本。

(9) 不详。

(10) Permutit 公司（英国）。

续表

耐热性/℃	形状	粒度/目	离子型	全交换量/(mmol/mL)
60（OH 型）100（Cl 型）	黄褐色球状	16～50	Cl	3.5
60（OH 型）100（Cl 型）	黄褐色球状	16～50	Cl	3.5
60（OH 型）75（Cl 型）	球状含水膨胀	20～50	Cl	0.8
40～45（OH 型）75（Cl 型）	球状	20～50	Cl	0.7
50	淡黄色颗粒	16～50	Cl	10.0
50	颗粒	16～50	Cl	8.0
60	球状	20～50	Cl	2.0
35	球状	20～50	Cl	2.5
40	红褐色球状	28～45	OH	3
50	微黄色球状	20～50	Cl	1.0
60	淡黄色透明球状	20～50	Cl	1.0
60	黄色	—	—	1.3
60	黑褐色颗粒	16～50	Cl	9.0
60	黄球状	16～50	Cl	3.5
60	黄球状	16～50	Cl	3.5
60	黑褐色颗粒	16～50	Cl	9.0
100	球状	20～50	OH	1.8
230	颗粒	16～50	—	4.3

主要参考文献

A. S. 梅利克，等. 2009. 分子生物学实验参考手册：基本数据、试剂配制及其相关方法. 第 2 卷. 赵宗江，等译. 北京：化学工业出版社

C. R. 洛. 1983. 亲和色谱导论. 刘毓秀，等译. 北京：科学出版社

D. R. 马歇克，等. 1999. 蛋白质纯化与鉴定实验指南. 朱厚础，等译. 北京：科学出版社

R. M. 坎普，等. 2000. 蛋白质结构分析：制备、鉴定与微量测序. 施蕴渝，等译. 北京：科学出版社

郭尧君. 2005. 蛋白质电泳实验技术. 2 版. 北京：科学出版社

蒋中华，等. 1998. 生物分子固定化技术及应用. 北京：化学工业出版社

李津，等. 2003. 生物制药设备和分离纯化技术. 北京：化学工业出版社

李元宗，等. 2003. 生化分析. 北京：高等教育出版社

刘国诠，等. 1993. 生物工程下游技术. 北京：化学工业出版社

师治贤，等. 1996. 生物大分子的液相色谱分离和制备. 北京：科学出版社

苏拨贤，等. 1994. 生物化学制备技术. 北京：科学出版社

孙彦. 1998. 生物分离工程. 北京：化学工业出版社

汪家政，等. 2000. 蛋白质技术手册. 北京：科学出版社

夏其昌，等. 2004. 蛋白质化学与蛋白质组学. 北京：科学出版社

张承圭，等. 1990. 生物化学仪器分析及技术. 北京：高等教育出版社

张龙翔，等. 1997. 生物化学实验方法及其技术. 北京：高等教育出版社

赵永芳. 2002. 生物化学技术原理及应用. 北京：科学出版社